AI
ARTIFICIAL
INTELLIGENCE

U0381699

INTRODUCTION TO DATA LITERACY

数据素养

人工智能如何有据可依

龚超 郑子杰 汪辉 著

化学工业出版社
·北京·

内容简介

“人工智能超入门丛书”面向人工智能各技术方向零基础的读者，内容涉及数据思维、机器学习、视觉感知、情感分析、搜索算法、强化学习、知识图谱、专家系统等方向，辅以程序代码解决问题，帮助读者快速入门。

《数据素养：人工智能如何有据可依》是“人工智能超入门丛书”中的分册，主要讲解数据的重要性，重点解读处理数据的各种方法，培养读者的数据素养和数据思维。具体内容包括数据规律、数据收集、数据清洗、数据可视化，以及特征构建、图像处理、文本分析等，同时在本书最后一章，分析了各个学科中如何运用数据思维处理问题。

本书内容通俗易懂，可以作为人工智能及计算机相关工作岗位技术人员的入门读物，对数据及人工智能方向感兴趣的人群也可以阅读。

图书在版编目（CIP）数据

数据素养：人工智能如何有据可依 / 龚超，郑子杰，汪辉著．—北京：化学工业出版社，2023.8（2024.11重印）
（人工智能超入门丛书）
ISBN 978-7-122-43497-5

Ⅰ．①数… Ⅱ．①龚…②郑…③汪… Ⅲ．①人工智能-普及读物 Ⅳ．① TP18-49

中国国家版本馆 CIP 数据核字（2023）第 087476 号

责任编辑：雷桐辉 周 红 曾 越　　装帧设计：王晓宇
责任校对：边 涛

出版发行：化学工业出版社
（北京市东城区青年湖南街13号 邮政编码100011）
印 装：北京盛通数码印刷有限公司
880mm×1230mm 1/32 印张$7^{1}/_{4}$ 字数167千字 2024年11月北京第1版第2次印刷

购书咨询：010-64518888　　售后服务：010-64518899
网 址：http://www.cip.com.cn
凡购买本书，如有缺损质量问题，本社销售中心负责调换。

定 价：69.80元

前言

新一代人工智能的崛起深刻影响着国际竞争格局，人工智能已经成为推动国家与人类社会发展的重大引擎。2017 年，国务院发布《新一代人工智能发展规划》，其中明确指出：支持开展形式多样的人工智能科普活动，鼓励广大科技工作者投身人工智能知识的普及与推广，全面提高全社会对人工智能的整体认知和应用水平。实施全民智能教育项目，在中小学阶段设置人工智能相关课程，逐步推广编程教育，鼓励社会力量参与寓教于乐的编程教学软件、游戏的开发和推广。

为了贯彻落实《新一代人工智能发展规划》，国家有关部委相继颁布出台了一系列政策。截至 2022 年 2 月，全国共有 440 所高校设置了人工智能本科专业，387 所高等职业（专科）院校设置了人工智能技术服务专业，一些高校甚至已经在积极探索人工智能跨学科的建设。在高中阶段，“人工智能初步”已经成为信息技术课程的选择性必修内容之一。在 2022 年实现“从 0 到 1”突破的义务教育阶段信息科技课程标准中，明确要求在 7～9 年级需要学习“人工智能与智慧社会”相关内容。实际上，1～6 年级阶段的不少内容也与人工智能关系密切，是学习人工智能的基础。

人工智能是一门具有高度交叉属性的学科，笔者认为其交叉性至少体现在三个方面：行业交叉、学科交叉、学派交叉。在大数据、算法、算力三驾马车的推动下，新一代人工智能已经逐步开始赋能各个行业。人工智能也在助力各学科的研究，近几年，《自然》等顶级刊物不断刊发人工智能赋能学科的文章，如人工智能推动数学、化学、生物、考古、设计、音乐以及美术等。人工智能内部的学派也在不断交叉融合，像知名的 AlphaGo，就是集三大主流学派优势，并且现在这种不同学派间取长补短的研究开展得如火如荼。总之，未来的学习、工作与生活中，人工智能赋能的身影将无处不在，因此掌握一定的人工智能知识与技能将大有裨益。

根据笔者长期从事人工智能教学、研究经验来看，一些人对人工智能还存在一定的误区。比如将编程与人工智能直接画上了等号，又或是认为人工智能就只有深度学习等。实际上，人工智能的知识体系十分庞大，涵盖的内容相当广泛，不但有逻辑推理、知识工程、搜索算法等相关内容，还涉及机器学习、深度学习以及强化学习等算法模型。当然，了解人工智能的起源与发展、人工智能的道德伦理，对正确认识人工智能和树立正确的价值观也是十分必要的。

通过对人工智能及其相关知识的系统学习，可以培养数学思维（mathematical thinking）、逻辑思维（reasoning thinking）、计算思维（computational thinking）、艺术思维（artistic thinking）、创新思维（innovative thinking）与数据思维（data thinking），即MRCAID。然而遗憾的是，目前市场上既能较综合介绍人工智能相关知识，又能辅以程序代码解决问题，同时还能迅速入门的图书并不多见。因此笔者策划了本系列图书，以期实现体系内容较全、配合程序操练及上手简单方便等特点。

本书以数据素养为主线，按照如下内容进行组织：第1章介绍什么是数据素养、数据的类型以及人工智能与数据的关系；第2章介绍认识数据规律中涉及的随机等相关概念，为认识数据、理解数据以及利用数据奠定基础；第3章介绍如何获取数据以及清洗数据的相关知识与技能，这也是利用机器学习等算法分析问题的前提；第4章围绕数据的一些特征以及数据的可视化相关内容展开探讨，进一步加深对数据的理解；第 5 章系统阐述了数据的特征这一概念以及如何善用特征发现问题、分析问题；第 6 章介绍了图像、文本等非结构化数据的处理技能，为人工智能相关算法处理图像、文本铺平道路；第 7 章结合数据分析、数据可视化以及简单的人工智能算法，给出了几个数据赋能课堂的案例。本书的附录部分，介绍了抽样分布与参数估计、假设检验及 Python 实验室 Jupyter Lab 的使用。

本书的出版要感谢曾提供热情指导与帮助的院士、教授、中小学教师等专家学者，也要感谢与笔者一起并肩参与写作的其他作者，同时还要感谢化学工业出版社编辑老师们的热情支持与一丝不苟的工作态度。

在本书的出版过程中，未来基因（北京）人工智能研究院、腾讯教育、阿里云、科大讯飞等机构给予了大力支持，在此一并表示感谢。

由于笔者水平有限，书中内容不可避免会存在疏漏，欢迎广大读者批评指正并提出宝贵意见。

龚超

2023 年 4 月于清华大学

目录

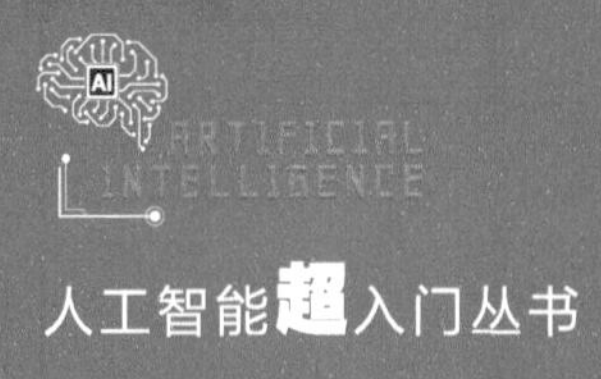

人工智能超入门丛书

第1章
数据概述

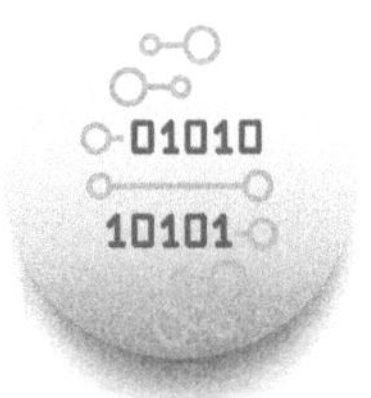

1.1 数字化社会与数据思维

1.1.1 数字的社会早已到来

人工智能经历了三起两落，第三次的崛起，也就是本轮人工智能的发展，除了算力得到提升以外，还有一个最为关键的因素，就是大数据。本次引领技术浪潮的深度学习，如果没有数据的支持，那将寸步难行。

不少学者早已对数字化、大数据与社会的发展进行了深入的研究，也有相关主题的科普书籍陆续出版。1995 年，尼古拉斯·尼葛洛庞帝（Nicholas Negroponte）在他的书《数字化生存》（*Being Digital*）中概述了数字技术的历史，同时他还预测了这些技术未来的可能性，最终人们将走向一个完全数字化的社会。

2008 年斯蒂芬·贝克（Stephen Baker）所著的《当我们变成一堆数字》（*The Numerati: How They'll Get My Number and Yours*）一书，也讨论了生活和学习逐渐被数字化的过程。比如点击的网页、所看电视的频道、消费的记录等，都变成一系列数据。

十几年过去，这种收集数据的行为已经渗透到各行各业，像采集温度、湿度的传感器，交通、安防用的摄像头，人们用的智能手机、智能手表等，不断上传着各种数据。随着网络普及以及应用软件的开发，数据量的增速也变得十分迅猛。

根据 IDC（Internet Data Center，互联网数据中心）的调查报告显示，2018 ～ 2025 年全球数据圈将增长 5 倍以上，按照现有发展趋势，2018 年全球数据圈为 33ZB，到 2025 年则增至 175ZB，如图 1-1 所示。中国数据圈平均每年的增长速度要快于全球 3%，

预计中国数据圈将从 2018 年的 7.6ZB 增至 2025 年的 48.6ZB[1]。

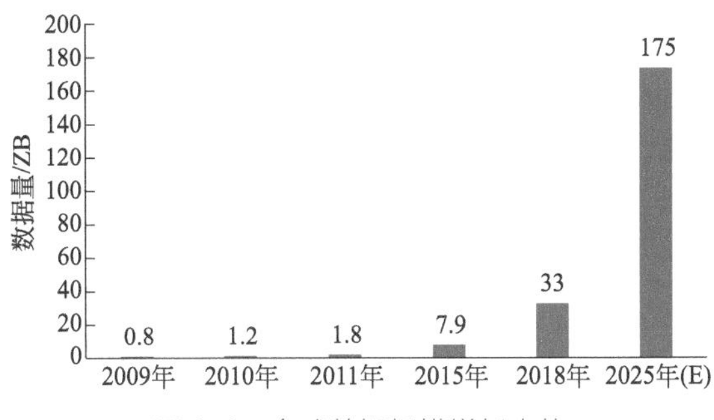

图 1-1　全球数据规模增长态势

从图 1-2 中可以看到，从 2005 年至 2021 年，中国数字经济总体规模增长非常快，并且，数字经济在中国 GDP 的占比逐年增加，数据对中国经济发展的重要性不言而喻。面对如此海量数据，如果没有强大的算力以及人工智能算法的支撑将难以为继。

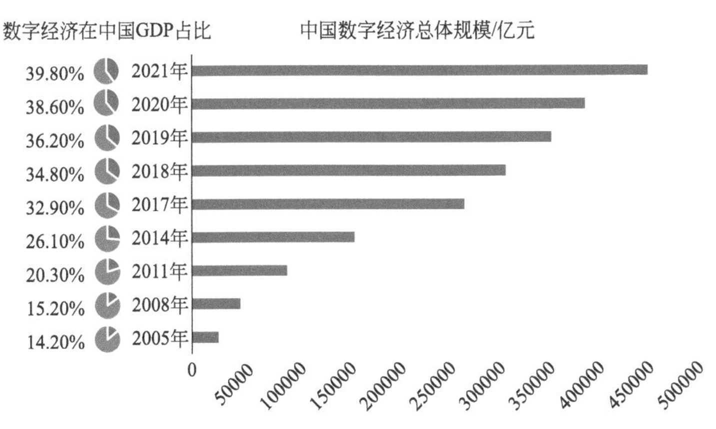

图 1-2　中国数字经济总体规模及其在 GDP 占比

[1] 全球数据圈的定义为每年被创建、收集或复制的数据集。数据量之间的单位换算为：1 KB = 1024 B; 1 MB = 1024 KB; 1 GB = 1024 MB ; 1 TB = 1024 GB ; 1 PB = 1024 TB; 1 EB = 1024 PB; 1 ZB = 1024 EB。

1.1.2 人人都该提升数据素养

人们的生活、学习和工作中，经常被各种类型的数据所包围，这点在人工智能时代显得尤为突出。但是，这些数据背后的真正含义是什么？人们是怎样设计指标并获取这些数据的？数据真的能够帮助人们洞察事物本质并解决问题吗？人们应该如何解读得出的数据结果？这些是人们不得不面对的问题。

笔者在给企业进行数字化转型培训时，发现很多企业在涉及数据分析与数据处理时，往往存在以下的现象：

- 事前，一筹莫展，场景转化能力差，不知从哪入手；
- 事中，得心应手，数据处理能力强，操作十分娴熟；
- 事后，百思不解，数据解读能力弱，不明如何拓展。

这些现状无论是在学界还是在商界，均反映出一个问题，那就是数据素养（data literacy）还有待提升。那么，何为数据素养呢？

一些学者认为数据素养是阅读、理解、创建和将数据作为信息进行通信的能力。与文本读写能力一样，数据读写能力也是一个通用概念，它关注的是与数据打交道所涉及的能力。然而，它与阅读文本的能力不同，因为它需要阅读和理解数据内在的某些技能。[1] 也有学者认为，数据素养包括理解数据的含义，包括如何恰当地阅读图表，从数据中得出正确的结论，以及识别何时以误导或不恰当的方式使用数据。

除了数据素养以外，也有一些学者提出了数据信息素养（data information literacy）的概念。他们认为，数据信息素养建立在数据、统计、信息和科学数据素养的基础上，并将其重新整合为一

[1] Baykoucheva S. Managing Scicntific Information and Research Data. Waltham MA: Chandos Publishing, 2015.

套新兴技能。[1]其中，统计素养被认为与数据素养最为贴近。统计素养被定义为阅读和解释日常媒体中统计摘要的能力。

笔者曾对数据素养进行如下的定义：数据素养是指具备一定的数据意识、数据思维与数据知识，能够敏锐地从场景中构建并获取、处理并分析数据，最终将结果辩证性地作为信息支持决策的一种能力素养。

根据数据素养的定义，如表 1-1 所示将其分为四个维度。

表 1-1　数据素养维度

数据素养维度	内容
数据意识	数据表达意识
	数据敏锐意识
	数据安全意识
	数据法律与伦理道德意识
	数据开源共享意识
数据思维	数据场景构建思维
	数据指标创新思维
	数据量化测度思维
数据知识	数据的理论知识
	数据的处理能力
数据评估与决策	利用数据进行评估
	利用数据进行决策

在数据思维层面，数据场景构建思维是指能够将场景转化成以某种数据形式进行描述的一种思维。数据指标创新思维是指能够在原有指标基础上进行创新，构造出更加合理、支持决策指标的一种思维。数据量化测度思维是指能够充分挖掘事物背后的关键信息，以一种定量的方式呈现问题的特征，并能够对这种特征进行测度。

[1] Carlson J, Fosmire M, Miller C C,et al. Determining Data Information Literacy. Needs. A Study of Students and Research Faculty portal: Libraries and the Academy, 2011, 11(2): 629-657.

1.1.3 化无形为有形，化抽象为具体

指标创建很重要。一些人认为，很多场景其实很复杂，没法用量化的指标衡量，其实不然。很多情况下，一些复杂问题可以转化成相对简单的问题进行衡量。

在人工智能领域，图灵测试就是这样一个案例。1950 年，人工智能之父，英国数学家艾伦·图灵（Alan M. Turing）发表了一篇关于计算机器与智能的文章，文章的第一句就提出“机器会思考吗”（Can machines think?）[1]。通过采用模仿游戏（imitation game）对机器能够思考进行验证，也就是后来的图灵测试（Turing test）。

图灵测试的目的就是对机器人是否具有“智能”进行衡量，即机器是否能够思考，人们如果无从得知，那么是否可以通过一个结果去衡量智能呢？通过图灵测试，对目前仍然说不清道不明的“智能”进行测量，则将问题成功地转变成了一个目标明确且操作简单的二分类问题。

图灵测试利用“智能”的阈值，成功地构建了一个二分类的特征，使得人们可以利用该特征分析问题，这样的特征构建案例不在少数。一个统计学中小小的统计量“σ”构建的特征，引爆了管理界。6 西格玛是一套用于过程改进、质量控制的管理方法，是一种对产品质量的追求，这里的西格玛就是标准差 σ 的发音，它是 1986 年在摩托罗拉公司工作的美国工程师比尔·史密斯（Bill Smith）提出的。根据 6 西格玛原理，99.99966% 的产品要在统计上能够合格。通过建立是否达到 6σ 这个特征，使得质量管理水平变得更加精细化。

平衡记分卡、杜邦财务体系等都是数据思维在管理中成功应

[1] Alan M T. Computing Machinery and Intelligence. Mind, 1950: 433-460.

用的案例，其中的一个个指标特征的建立使得量化管理成为可能，后文中将提及的金融风险管理领域的均值 - 方差模型、风险价值VaR 也是风险管理中的经典指标特征，一个个看似简单的指标背后其实衡量了很多复杂的东西。

特征构建的能力并非一蹴而就，需要从小培养数据思维，拥有了数据思维以后，才能更好地将生活和工作中的场景转化为指标进行分析，而这种能力有时要远比去计算这些模型更加重要。

1.2 数据的含义与类型划分

1.2.1 数据的狭义含义

在距今 4 万多年前，人类的祖先们就在骨骼上做刻度来记录事情。比如公元前 44000 年的列朋波骨（Lebombo Bone），公元前 20000 年的伊尚戈骨（Ishango Bone），这些骨骼上的刻度被认为是早期的数据。而最早正式提出“数据”一词的人是 17 世纪的一位英国的神职人员亨利·哈蒙德（Henry Hammond），其本来提出的是“被给予的事物”（things given）。

那么什么是数据呢？数据是一个客观事物未加工的原始素材。一些人容易将数据和信息混淆。就数据而言，它是原始的事实，可能无序，本身也许有意义，也许没意义，通过观察记录而得，在大部分时候作为输入系统的一方，理解起来要相对吃力。有些人将数据与信息画上等号，其实它们是不同的。信息则是指经过分析整理处理后的数据，它总是有意义的，应该有序，并且很多时候作为系统处理后输出的一方，理解起来相对容易。

我们现在所说的“数据”，其含义与 17 世纪时的含义并不相同。

当今时代的“数据”一词是伴随着1946年计算机的诞生而被正式使用的。在当时，数据主要是指“计算机中被传输和存储的信息”（transmissible and storable computer information）。1954年，随着计算机应用场景的逐渐推广，收集的数据越来越多，人们发现收集的原始数据在诸多场景下并不能被直接使用，而是需要先进行一些运算，因此就产生了数据处理（data processing）的概念。自此，数据除了包含“传输”和“存储”两层含义外，又新增了一层“运算”的含义，即在很多时候数据只有通过运算，才能够提取信息。在20世纪50年代，数据一词其实已经被赋予了确定的含义，即数据的狭义含义。数据的狭义含义是指计算机中被传输、存储和运算的对象。

数据的狭义含义直到今天都是适用的，其指明了数据可以被用来进行哪些操作。为什么有些人会联想到一串类似“01100001”的二进制数字串呢？这是因为直到今天，计算机的底层（物理层）仍然是开关电路。在计算机的内部，用电路开关的“开”和“关”分别代表数字“1”和数字“0”，自然而然，计算机底层的运算是二进制运算。在计算机诞生之初，是没有操作系统和应用软件的，所以要想让计算机进行数据的传输、存储和运算，需要靠纸带等工具通过打孔的方式手动输入“01100001”这样的计算机可识别的二进制字符串。而“01100001”在现实世界中的含义在计算机中不能直接体现出来，需要靠人们脱离计算机进行解读。例如，当人们想要输入字母“a”时，需要将其先翻译成计算机看得懂的“01100001”二进制数字串，然后再输入到计算机。同样，当人们拿到计算机输出的“01100001”时，需要手动翻译成字母“a”。这就导致，直到今天在很多地方仍然习惯性地用一串二进制数字串来“象征”或“直观表现”计算机中的数据。这就是为什么一提到

数据，有些人会联想到二进制数字串。

1.2.2 数据的广义含义

随着计算机技术的发展，人们发现对于二进制数赋予的现实含义必须相对统一才能实现数据和信息交流。换句话说，不同人对于二进制字符串的解读必须是相对统一的，这样大家才能明白互相在说什么。这就形成了各式各样的编码系统，例如在 ASCII 码中，“01100001”表示的就是英文的小写字母“a”。随着编码系统的出现以及计算机操作系统和应用软件的完善，将二进制数翻译成人们理解的十进制数字、表格、文字、图片、声音等这些过程可以直接靠计算机实现，不再需要额外的人工执行。这时，人们不再需要直接跟二进制纸带打交道。虽然这些对象在计算机底层还是用二进制数传输、存储和运算，但是在编码系统、操作系统和应用软件的帮助之下，人们不需要再操作这些底层的二进制数，而是面对自己熟悉的形式进行数据分析和处理，这就引出了数据的广义含义。数据的广义含义是指计算机中可以带给人们信息的数字、表格、文字、图片、声音等。

这也就解释了为什么一提到数据，有些人联想到各种数字、表格、文字、图片等。其实数据的广义含义和狭义含义并不矛盾。狭义含义指明了数据可以进行的操作：传输、存储和运算；而广义含义指明了当今数据的各种呈现方式和用途，即人们普遍希望数据到最后是用人们看得懂的方式呈现，并且人们能够从数据中获得有用的信息。换句话说，人们希望通过计算机中的数据能够“看出来点什么”。随着时代的发展，信息和数据两个词也会在很多场合混用。本章接下来的内容，将会通过中学学习过程中的案例，让读者直观感受什么是数据。

1.2.3 数据类型的划分

按照不同的数据格式，数据可以分为图像、文本、声音。比如情感分析、写诗等就是在做文本数据的分析，人脸识别、垃圾识别就是进行图像数据的处理，人们经常对着手机或其他设备发出声音指令，就是进行语言数据的处理。

① 按照数据的计量层次划分，数据可以分为定类数据、定序数据以及定距数据。定类数据是按类别进行划分的，比如说男性或者是女性，有或者无，以及像在手写数字识别情境下对 0 至 9 的分类等，这些均是定类数据讨论的范畴，定类数据没有大小的概念。定序数据则含有大小之分，比如 1 代表小学，2 代表初中，3 代表高中，那可能在某种处理方式上，就认为 2 比 1 大，3 比 2 大。定类数据和定序数据也统称为定性数据。定距数据通常是指连续性变量，比如生活中的温度、价格等就是定距数据。

② 按照研究对象与时间的关系划分，数据可以划分为截面数据与时序数据。如果是同一时间点观察了不同对象，形成的数据就是截面数据，比如通过查阅统计年鉴，可以了解到某年中国各地方的 GDP 数据，这样一组数据就是截面数据。如果记录不同时间点下同一对象的观察数据，则为时间序列数据，其横轴代表时间，比如，将历年中国各省市自治区的 GDP 数据收集起来，此时的数据中既含有截面数据，同时又包含时间序列数据，这样的数据被称为面板数据。

③ 按照数据是否结构化划分，数据可以分为结构化数据和非结构化数据。比如像 Excel 报表中有行有列的二维数据，就属于结构化数据。那什么是非结构化的数据呢？比如像图片、视频等数据，不方便利用行、列表示的，就是非结构化数据。这应该也是结构化和非结构化数据最明显的特征。在工作生活当中，人们接触更多的是非结构化

数据。随着技术的进步，处理非结构化数据的水平也在不断地上升。

最后说到大数据，那什么叫大数据呢？大数据指的是利用传统数据分析方法无法处理的复杂数据集。道格·莱尼（Doug Laney）用三个 V 来形容大数据，即大体量（volume）、多样性（variety）、高速度（velocity）。这几个都是 V 开头的英文单词，之后不断地有学者延续用 V 表示大数据的特征，比如可行性（viability）、可变性（variability）、高价值（value）、真实性（veracity）。

1.3 人工智能与数据

1.3.1 新时代的金矿——数据

人工智能在许多方面，如语音识别、图像识别等方面，已经超越人类。人工智能也走出实验室，产生了大量的商业产品，人们也真实感受到了人工智能的存在，人工智能的发展进入到一个新时代。

此次人工智能的崛起，得益于大数据、算力和算法“三驾马车”并驾齐驱，这“三驾马车”也称人工智能的三要素。其中，数据为动力之源，有人将其称为新时代的石油，也有人将大数据挖掘比喻为数字掘金；算力则是基础设施，它不断升级更迭，推动着生产力不断发展；算法则是一种神来之笔，让数据和算力能够物尽其才，发挥出最佳的作用。

尽管是“三驾马车”并驾齐驱，但是数据在三者中地位最关键。自以深度学习为代表的一系列人工智能产品被研发出来伊始，整个人工智能产业就离不开大数据的支持，这不仅仅是因为概率统计模型需要扎根数据，也是因为对一个人工智能产品优劣的判断，很大程度上需要对显示情境的数据进行测试验收。

深层神经网络的算法核心设计从 20 世纪 60 年代末出现，但是当时的计算机及可信赖数据都无法满足这个算法模型进行进一步研究拓展，更不用说产业化应用落地，甚至在很长一段时间内，神经网络构建人工智能的尝试被看作是异想天开。而随着时代的变迁，各行各业的数字化进展逐年递进，电子数据的总量不断上升。

另外，深度神经网络模型也可以看作是一种统计概率模型，这类模型的一大特征就是数据越多越优质，则算法的表现也就越好。从这个角度来看，只要深度神经网络模型这个核心不变，数据，更正确地说是优质的大数据，就会一直是人工智能三大要素中无法回避的重心所在。

1.3.2　将数据转化为洞见

根据鸢尾花的数据判断出花的种类，是一个很好的将数据转化为洞见的案例。通过花萼长度、花萼宽度、花瓣长度和花瓣宽度这 4 个特征的数据，使得在不具备辨别花的相关知识的情况下，也可以知道种类。这也是一种数据思维，一种场景转化的能力。

在很多体育项目中，通过利用传感器、摄像头等收集参与者各种动作的实时大数据进行分析，可以发现问题并有针对性地进行改进。一家机构通过在高尔夫球杆获取数据，配置了最先进的运动传感器、摄像头以及监视器，在研究了 1 万多名不同水平的球手后，发现了优秀选手与普通选手之间存在差异的原因，为提升球技提供了进一步的指导。

直到 2010 年，美国不少公司对哪部电视剧会取得成功仍然抱有疑问，因此不得不投入大量的成本不断测试市场需求。成立于 1997 年的奈飞（Netflix），靠着用户对于电影评分积累形成的数据进行数字化转型，不断改善自身的人工智能算法为用户推荐电影，终于在 2011 年靠着《纸牌屋》一战成名。奈飞的核心竞争力除了数据外，他们希望利用数据驱动改变行业的决心也被认为是成功的关键。

在人工智能时代，一些连锁便利店在创立时就将自己定位为数据＋人工智能公司。在选址、选品、供货商关系、消费者关系等各个方面，均利用大数据＋人工智能算法进行决策分析。一些便利店甚至将销售店面变成了自身的数据＋算法的实验室，通过不断地获取数据、算法分析来预测消费者的购买行为。

总之，身处在一个充斥着海量数据的人工智能时代，需要不断提升自身的数据素养。能够在一些复杂场景中，通过数据意识，把数据素养转化成建模能力。

1.3.3 警惕选择偏见与数据偏见

选择偏见（selection bias）是在分析问题选择个体时，没有以一种随机化的方式进行选择，使得被选择的样本很难或者无法代表需要被分析的总体，从而导致偏见。扩展到更广泛的生活、工作和学习场景下，一个最重要的原则是不能简单地只看其表面的数据，还应该注意数据形成的方式。

考虑一个卖西瓜的场景。假如你正好遇到卖西瓜的王婆，她正在大声吆喝，所谓王婆卖瓜自卖自夸，王婆声称她所有的瓜都既红又甜。你不相信王婆所说，跟她打赌。请问你该如何挑选一个西瓜来检验西瓜的质量呢？此时随机抽取是你的最佳选择。

第二次世界大战期间，某国军方对返回军营的战斗机损伤情况进行评估时，发现飞机的一些部位很容易受到伤害，在研究了弹孔的分布后，他们决定对这些部位进行加固，以便更好地抵御敌人的攻击。对弹孔密集区进行加固，这看似再合理不过了。然而，这种分析忽视了一个问题，即军方看到的是那些返航回来的飞机，那些已经被击落坠毁而未能回来的飞机未被纳入分析之中。往往，那些未能回来的飞机才是分析问题的关键。军方的错误就源自选择偏见，而这种情况在当今社会比比皆是。人们在评价企业运营情况时，往往盯着那些他们能看见的资料和数据，而有意或无意地忽视那些无法看到的信息。

因此，在分析问题时，为了避免选择偏见，必须考察所有数据，并且利用一种合理的手段进行取样，如果样本无法代表整体，那么分析结果就很可能是有偏差的。

避免陷入选择偏见最好的做法是，当看到一些分析结论时，需要从源头上看其分析过程中是否存在选择偏见，以免落入他人的陷阱之中。

一家培训机构对外声称凡是经它培训的学生，有不少在最终的考试中取得了优异的成绩。数字看起来非常不错，你会毫不犹豫地支付高额学费去这家机构学习吗？有些人可能会说，事实（数据）就摆在眼前，还有什么好质疑的呢？请不要忘了，从选择样本的角度上，这些样本可能并不具有代表性，因为机构并不是随机地选择学生，而是更有可能只接受那些成绩不错的学生，或是认为有潜力的学生。

2008 年全球金融危机的那段时期，很多公司相继破产倒闭，其中不乏像雷曼兄弟公司这样的大公司，相当多的投资人蒙受了巨大的损失。有一位投资人宣称，他在那段时期的投资收益率达到了 29%，远远超过其他机构的投资收益率。看到这个数字，你会认为这个人真的是股神吗？这种现象在现实中其实非常普遍，背后有什么隐情呢？这就涉及小样本谎言的问题。不能只看最终的数据，还要看看这个人在那段期间投资的具体情况。一个较为极端的情况是，可能那位"股神"根本不是很懂投资，只是运气好，就买了一只恰好逆势上扬的股票而已。

在人工智能领域，有一个耳熟能详的词为"算法偏见"，实际上这个词的含义很广，很多时候不仅仅是因为算法自身产生了偏差，可能从源头数据就已经出现了问题。

机器学习是基于数据进行学习的研究领域，然而有没有想过，当使用的训练数据已经是出现严重偏差的数据时，无论算法设计得如何经典，得到的结果也是有偏差的。比如国外某世界知名的购物平台，在发现其人工智能招聘歧视女性后，决定关闭该功能。尽管该公司的人工智能技术位列前茅，但该公司无法找到一种方法使其算法告别性别歧视。其背后的原因是算法训练采用的数据为该公司10年的招聘简历数据，其中就已经含有性别偏见。该公司原本设想通过对这些数据的学习发现规律，从而帮助他们进行海量简历的筛选，发现最佳面试人选，然而由于该公司过去对女性已有一定的偏见，使得算法很快便“掌握”了这一特点，并沿着这个“特点”渐行渐远，从而更加放大了性别偏见的影响。

无独有偶，同样是一家拥有全球顶尖人工智能技术的科技类公司，曾推出一项关于照片的服务，比如利用人工智能将照片进行自动分类等。一位黑人用户使用后发现该应用程序将他和一名黑人女性朋友的照片归类在“大猩猩”的标题下。该公司尽管承诺着手解决这一漏洞，然而由于可能在原始数据方面就开始出现问题，因此几年来并未有很满意的答复，细心的人士发现删除“大猩猩”类可能成为该公司解决该问题的办法之一。

像这样由于数据问题使得人工智能产生偏见，甚至扩大偏差的案例屡见不鲜。比如在厨房的中年男性被人工智能误识别为女性，又或者将一个“涉世未深”的人工智能女孩短时间内教坏等，这些都有数据偏见的身影。

这些案例提醒人们，人工智能产生偏见的来源不能忽视原始数据环节。虽然人们普遍认为，算法应该在构建时不带任何影响人类决策的偏见，但事实是，算法可以无意中从各种不同的数据来源中学习偏见、放大偏见，因此在数据环节要时刻保持清醒，不被有偏见的数据所左右。

第2章 随机世界中的数据规律

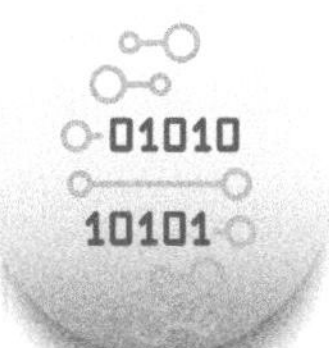

2.1 随机现象

2.1.1 生活中的随机现象

在生活中有非常多的随机现象，例如，抛硬币时正面朝上、走到路口时正好遇到绿灯、张三同学明天考试的成绩超过 97 分、人工智能在 100 年内会替代人类……

为了能够更好地描述这些随机现象有多少可能会发生，人们喜欢引入一些有关可能性的表述，例如“抛硬币时正面朝上的可能性是 50%”“走在路口时正好遇到绿灯的可能性约为 50%”“小明同学考试成绩超过 97 分的可能性为 95%”“人工智能在 100 年内会替代人类的可能性为 90% 以上”……这些表述中的“可能性”，有时候也会使用“概率”这个词来代替，例如“抛硬币正面朝上的概率是 50%”。

仔细思考这些对于随机现象的概率描述，会发现这些所谓的概率描述有些是非常客观的，有些则更像是人们在聊天时的主观感觉。例如“抛硬币时正面朝上的概率是 50%”，可以通过做大量的试验，然后观察正面朝上的概率是否约占一半。而“人工智能在 100 年内会替代人类的概率为 90%”，更像是一种两个人辩论时使用的对主观感觉的描述，是没有办法通过试验去验证这种说法是否合理的。

本书中约定，类似“人工智能在 100 年内会替代人类的概率为 90%”或者“小明同学考试成绩超过 97 分的可能性为 95%”这种主观感觉的描述不在数据科学的研究范畴之内。我们希望研究的随机现象都是客观上可以通过重复性试验来收集数据，来推理和验证其发生的可能性，例如“抛硬币”“走在路口遇到绿灯的概率”。这种通过重复试验计算概率的方法，在中学教材中出现过，就是“用频率估计概率”：

想验证一件事情 A 发生的可能性，做 n 次试验，其中 A 发生的次数为 n_A，则 A 发生的概率可以用频率公式 $\frac{n_A}{n}$ 来估计。

虽然这件事情看似显而易见，在很多人的常识中，概率就是频率，也就是通过试验的方法定义的。但事实上，“概率”的概念是可以先从数学公理化系统中定义出来的（具体怎么定义，有兴趣的同学可以自行查阅）。概率并非由频率定义，“频率”是在“概率”之后才有的概念。“用频率估计概率”这件事情之所以可行，是需要证明的，这依赖于“伯努利大数定律”。

伯努利大数定律说的是这样一件事，假设 n_A 是 n 次独立试验中事件 A 发生的次数，且事件 A 在每次试验中发生的概率为 p，对任意正数 ε：

$$\lim_{n\to\infty} P\left(\left|\frac{n_A}{n}-p\right|<\varepsilon\right)=1 \tag{2-1}$$

式中，$P(x)$ 代表 x 发生的概率。

它的通俗解释是随着试验次数的增多，通过试验计算出来的 A 发生的“频率” $\frac{n_A}{n}$ 逼近于 A 发生的理论上的概率 p。

“伯努利大数定律”是概率方法作为一种数学方法的两个重要定理之一，其说明了在数据科学中，用“频率估计概率”方法的合理性，即可以通过实际或者假想的理想试验来计算概率。在“伯努利大数定律”基础之上有“大数定律”的各种各样的推广形式。

概率统计中另一个重要的定理是“中心极限定理”，在本章后续也会有所提及。从公理化体系的角度，“大数定律”和“中心极限定理”证明了用概率的角度看待世界的合理性，可以放心大胆地用概率统计的方法处理数据和建立模型。

2.1.2 随机试验

从概率的视角去研究随机现象时，就必须对其进行“数学化”的表述，保证其研究视角的科学性和规范性。

概率研究的对象叫作随机试验，随机试验满足以下三个特征：

① 在相同的条件下可以重复地进行；

② 每次试验结果可能不止一个，但是可以明确所有可能有哪些；

③ 进行一次试验之前不能确定哪一个结果发生。

这三点保证了并不是所有“随机”的东西都从概率的视角去研究，例如前面提到过的“人工智能在100年内会替代人类的概率为90%”这种描述就没有重复地进行，所以不在概率的研究范畴之内。

所有可能结果构成了一个样本空间Ω，每次试验结果必然是属于该样本空间的。样本空间的子集称为事件。如果一个非空集合表示的事件没有办法被拆分成更小的集合，则被称为基本事件。从这种描述上看，人们使用概率研究的对象一般可以用集合的语言进行描述。以下举两个小例子：

· 案例 1

抛一次硬币，用h表示实验结果为正面，t表示反面，则样本空间为$\Omega=\{h,t\}$，其中可以定义一些事件，例如事件“是正面”的数学表示为：$A_1=\{h\}$；事件“是反面”的数学表示为：$A_2=\{t\}$；事件“不是正面就是反面”的数学表示为：$A_3=\{h,t\}$；事件“既不是正面也不是反面”的数学表示为：$A_4=\phi$。这个问题中的基本事件为：$A_1=\{h\}$和$A_2=\{t\}$。

· 案例 2

当试验变成“抛三次硬币”时，还是用h表示实验结果为正面，t 表示反面，试验结果就可以写成类似“*hth*”这样的形式，其中第一个 h 表示第一次是正面，t 表示第二次是反面，第三个 h 表示第三次抛硬币是正面。那么这个随机试验的样本空间为：

$$\Omega=\{hhh,hht,hth,thh,htt,tht,tth,ttt\}$$

依旧可以定义一些事件，例如“第一次正面，第二次是反面，第三次正面”的数学表示为：$A_1=\{hth\}$。

当然还有一些事件需要“翻译”才能用集合的语言写出来，例如事件“出现两次正面”，记为 A_2。需要先根据这个试验的样本空间将“出现两次正面”翻译成：第一、第二次是正面，第三次是反面；或者第一、第三次是正面，第二次是反面；或者第二、第三次是正面，第一次是反面。这样才能列出属于事件 A_2 的所有样本，从而得到“出现两次正面”的数学表述：

$$A_2=\{hht,hth,thh\}$$

在明确概率的研究对象可以用集合表示后，概率可以被理解为建立在集合 A 上的用来描述事件 A 发生可能性的函数：$P(A)$。例如，在案例 2 中，“抛三次硬币时，出现两次正面”的概率为：$P(A_2)=\frac{3}{8}$。

那么 $P(A_2)=\frac{3}{8}$ 是如何计算出来的？这就不得不提到概率中的一个基本模型：古典概型（classical probability）。在古典概型中，样本空间 Ω 由 n 个等可能性的试验结果组成，因此事件 A 发生的概率 $P(A)$ 只需要通过计算 $P(A)=\frac{\text{含}A\text{的试验结果数}}{n}$ 就可以得到。

古典概型是生活中最常见的概率模型。有了古典概型，概率计算就可以转换成对试验结果数的计算，进而可以使用排列组合等一些计算技巧，下面是一个小例子。

·案例 3

设有 N 件产品，其中有 D 件次品，今从中任取 n 件，求其中恰有 k（$k \leqslant D$）件次品的概率。

从古典概型出发，只需要计算“所有结果数”以及“所有符合题目次品率描述的试验结果数”即可。根据排列组合的知识，可以计算得到所有可能的结果数为C_N^n，恰有 k（$k \leqslant D$）件次品的结果数为$C_D^k C_{N-D}^{n-k}$，所以恰有 k（$k \leqslant D$）件次品的概率为：

$$\frac{C_D^k C_{N-D}^{n-k}}{C_N^n}$$

很多结果数有限的随机试验都可以近似成或者转化成古典概型，但是当随机试验的结果数是无限的时候，就不能使用古典概型去数结果数。这时候，可以借鉴类似古典概型的思想。下面举一个结果数无限的例子。

·案例 4

如图 2-1 所示，为一个结果数不可数的随机试验。在一个数轴上，在闭区间 [2,6] 上随机撒点，这时候没有办法再计算落在某个具体点的结果，例如落在点 4 上的概率（概率为 0）。但是可以参考古典的“等可能性思想”，可以计算落在闭区间 [3,5] 上的概率，只需要用这段区间的长度除以试验涉及的区间长度即可：$\frac{5-3}{6-2}=\frac{1}{2}$。类似地，一般面对结果数不可数问题并计算概率时，在现实中可以转化成计算长度、计算面积等。

图 2-1　数轴上随机撒点试验

简单进行总结和提升：概率研究的对象是随机试验，可以用样本空间 Ω 表示一个随机试验的所有结果组成的集合，事件 A 代表随机试验中某件事发生的概率，是样本空间的子集。古典概型是一类最简单，也是最常见的概率模型，在古典概型中，事件 A 发生的概率 $P(A)=\frac{\text{含}A\text{的试验结果数}}{\Omega\text{中总的试验结果数量}}$。

既然已经使用了集合的语言去表示概率，也就可以相应地用集合中常用的方法：韦恩图（Venn 图）来形象化地表示 A 与 $P(A)$，如图 2-2 所示。此时：

$$P(A)=\frac{\text{集合}A\text{中的元素个数}}{\Omega\text{中的元素个数}}$$

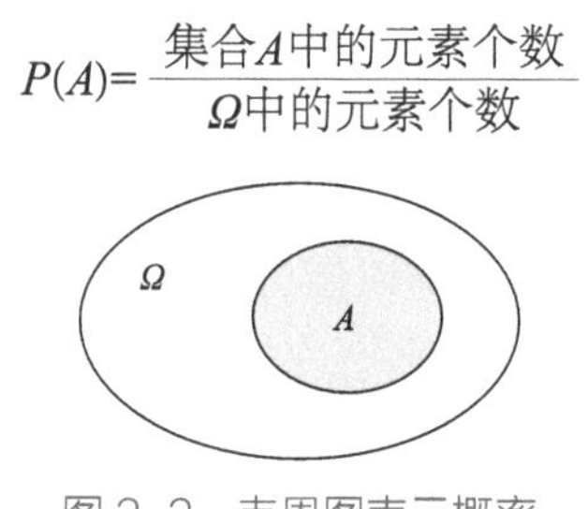

图 2-2　韦恩图表示概率

从集合的角度进行理解，可以拓展出一些更复杂的有关概率的概念，例如条件概率与贝叶斯公式。

条件概率（conditional probability）：在一个随机试验中，假设已经知道给定的事件 B 发生了，在 B 发生的基础之上，计算另一个事件 A 发生的概率，此时叫作“在 B 发生的条件下，A 发生的概率”，记为 $P(A|B)$。用集合的语言和研究方法描述时，条件概率可以直接由下面的公式计算得到：

$$P(A|B)=\frac{P(A\cap B)}{P(B)}=\frac{\text{集合}A\cap B\text{的元素个数}}{\text{集合}B\text{的元素个数}}$$

其直观解释可以见图 2-3。$P(A|B)$ 也可以理解为事件 A 和 B 同时发生的概率与事件 B 发生的概率之比。

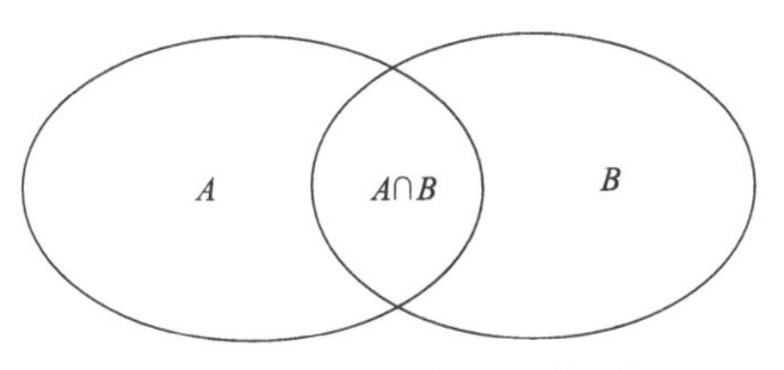

图 2-3　韦恩图表示条件概率

条件概率公式的另一种形式也经常被使用：

$$P(A\cap B)=P(B)P(A|B)$$

贝叶斯公式 (Bayes formula)：有时候在现实问题中需要计算 $P(A|B)$，但没有办法直接测量得到 $P(A|B)$ 和 $P(B)$，也就没有办法直接由条件概率公式计算，不过 $P(A|B)$ 却可以很容易通过测量得到。这时候就要用到贝叶斯逆概 (inverse probability) 公式：

$$P(A|B)=\frac{P(A\cap B)}{P(B)}=\frac{P(A)P(B|A)}{P(B)}$$

当 $P(B)$ 不容易测量时，还需要使用全概率 (law of total probability) 公式得到 $P(B)$：

$$P(B)=\sum_{i=1}^{n}P(A_i\cap B)=\sum_{i=1}^{n}P(A_i)P(B|A_i)$$

式中，$A_1,A_2,\cdots,A_n$ 满足 $(A_1\cap B)\cup(A_2\cap B)\cup\cdots\cup(A_n\cap B)$，且对于 $\forall i\neq j$，都有 $A_i\cap A_j=\phi$。即 $A_1\cap B$，$A_2\cap B,\cdots,A_n\cap B$ 是集合 B 的一个分割。

将全概率公式引入后，得到贝叶斯公式如下：

$$P(A_k|B)=\frac{P(A_k\cap B)}{P(B)}=\frac{P(A)P(B|A_k)}{P(B)}=\frac{P(A_k)P(B|A_k)}{\sum_{i=1}^{n}P(A_i)P(B|A_i)}$$

贝叶斯公式在现实问题中经常被使用。下面举一个经常被拿来说明贝叶斯公式在医学上使用的例子。

· 案例 5

某种病的检出率是 0.95，即一个实际患有该疾病的病人，被检查出来结果为阳性的概率为 0.95。如果该人没有患有该疾病，其检测出来阳性（假阳性）的概率为 0.05。现在假设某一人群中患有该种病的概率为 0.001，在这个群体中随机抽取一个人进行检测，发现检查结果是阳性，那么这个人患有该疾病的概率为多少？

设 A 表示这个人患有这种病，$\bar{A}$ 表示这个人没有患这种病，B 表示检测结果为阳性，$\bar{B}$ 表示检测结果为阴性。需要求：$P(A \mid B)$。

利用贝叶斯公式：

$$P(A \mid B)=\frac{P(A)P(B \mid A)}{P(B)}=\frac{P(A)P(B \mid A)}{P(A)P(B \mid A)+P(\bar{A})P(B \mid \bar{A})}$$

$$=\frac{0.001\times0.95}{0.001\times0.95+0.999\times0.05}=0.019$$

通过此例，可以发现，检测方式已经能够保证检出率达到 0.95，已经是非常高的检出率了。但当检测是阳性时，患病的概率也只有 0.019。贝叶斯公式在很多场景中还有更加广泛的应用，有兴趣的同学可以自己去查阅资料，在这里不再进行更多展开。

2.2　随机变量与数据中的随机

2.2.1　随机变量及其分布

在许多随机试验中，我们讨论的结果和事件都可以用一个“数”去描述，例如在案例 2 中“抛三次硬币，两次正面朝上”，就可以用正面朝上的次数“2”这个数去表示这个现象。这种能够表示实验结果的数被称为随机变量。有了随机变量，就不需要再用一大段话去描述实验结果。在案例 2 中，定义正面朝上的次数为

一个随机变量 X，“抛三次硬币，两次正面朝上”的概率就可以写成：$P(\{X=2\})$，相应的“抛三次硬币，一次正面朝上”的概率就可以写成：$P(\{X=1\})$。

离散随机变量 (discrete random variable)：就如同前文中介绍的古典概型，对于试验结果数有限的随机试验，其关联的随机变量一般也是有限的。当一个随机变量的取值范围为有限个值或者可以与自然数一一对应（可数）时，则这样的随机变量为离散随机变量。

离散随机变量的分布列：从概率的角度出发，我们比较关注随机变量在各个取值上的概率，这就构成了离散随机变量的分布列。下面用抛硬币的案例举例说明什么是分布列。

· 案例 6

抛三次硬币，正面朝上的次数定义了一个随机变量 X，记 x 为随机变量 X 的取值，可以相应地计算出来事件 $P(\{X=x\})$ 发生的概率值：

$$P(\{X=0\})=\frac{1}{8}$$

$$P(\{X=1\})=\frac{3}{8}$$

$$P(\{X=2\})=\frac{3}{8}$$

$$P(\{X=3\})=\frac{1}{8}$$

此时概率 $P(\{X=x\})$ 就可以看作是 x 的一个函数，记为 $p_X(x)$：

$$p_X(x)=\begin{cases}\frac{1}{8},x=0\\ \frac{3}{8},x=1\\ \frac{3}{8},x=2\\ \frac{1}{8},x=3\end{cases}$$

这个函数就被称为随机变量 X 的分布列。自然地，$\sum_x p_X(x)=1$，即所有可能取值的概率之和为 1。对于一个随机试验，只要找到想要研究的随机变量的分布列，就知道随机变量在各个取值上出现的概率。一般情况下，在概率统计的书上，都会用大写字母经 X 表示随机变量，用小写字母 x 表示随机变量 X 的取值,本书也会遵循此约定。

连续随机变量（continuous random variable）：回顾案例 4 中的数轴上随机撒点试验，对于相当一部分随机试验，其试验结果数不是有限的或者可数的，这样的变量叫作连续随机变量。例如在案例 4 中，可以定义落在数轴上的位置为一个连续随机变量 X。事件“点落在 [3,5] 区间内”就可以写成 $\{3 \leqslant X \leqslant 5\}$，该事件发生的概率为 $P\{3 \leqslant X \leqslant 5\}$。

连续随机变量的概率密度函数（probability density function）：对于连续随机变量 X，计算其取到某个具体数值的概率时，结果为 0, 只能计算其在某段区间的概率。但是，在我们脑海里依旧有一个直觉，一个随机变量取到不同值的可能性是不一样的，有些大有些小，甚至有些为 0。这时候就需要定义概率密度函数，来表述这种可能性强度。下面还是用一个具体例子来说明什么是概率密度函数。

· 案例 7

再来看案例 4 中的随机撒点实验，在闭区间 [2,6] 上随机撒点，定义随机变量 X 为落在数轴上的位置。现在定义一个函数 $f_X(x)$，用来表示 $\{X=x\}$ 这件事发生的可能性强度。进而，所有可能性强度的积分为 1，即：

$$\int_{-\infty}^{+\infty} f_X(x)\mathrm{d}x=1$$

落在 [2,6] 上的概率为 $\int_2^6 f_X(x)\mathrm{d}x=1$；落在 [3,5] 上的概率为

$\int_3^5 f_X(x)\mathrm{d}x=0.5$；因为是在 [2,6] 上撒点，所以落在 $(-\infty,2)$ 的概率为$\int_{-\infty}^2 f_X(x)\mathrm{d}x=0$。

假如是在[2,6]上均匀撒点，就可以找到这样的概率密度函数：

$$f_X(x)=\begin{cases}\frac{1}{4},2\leqslant x\leqslant 6\\0,x<2\text{或}x>6\end{cases}$$

对于概率密度函数，其与概率的关系可由图 2-4 进行直观理解。随机变量 X 在区间 $[a,b]$ 上的概率等于随机变量 X 的概率密度函数在区间 $[a,b]$ 上的积分值（阴影面积）。

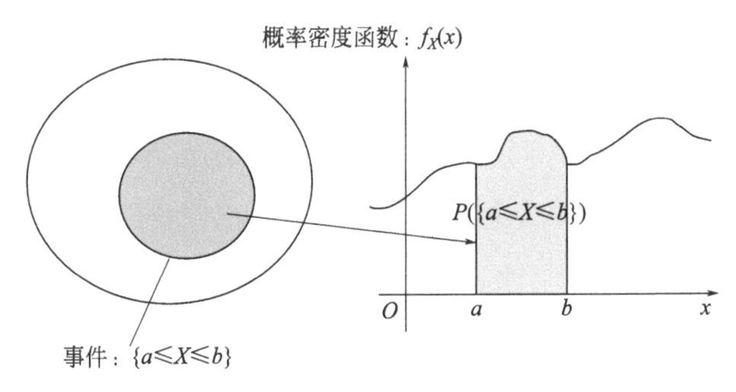

图 2-4　概率密度函数与概率的关系

概率分布函数 (probability distribution function)：在描述离散随机变量时，使用分布列来描述各个值取到的概率，在描述连续随机变量时，使用概率密度函数来描述各个取值取到的可能性强度。现在用一个统一的数学函数来描述一个随机变量 X 的取值概率，即概率分布函数 $F_X(x)$，其数学定义如下：

$$F_X(x)=P(X\leqslant x)=\begin{cases}\sum\limits_{t\leqslant x} p_X(t),\text{当}X\text{为离散随机变量时}\\\int_{-\infty}^x f_X(t)\mathrm{d}t,\text{当}X\text{为连续随机变量时}\end{cases}$$

概率分布函数描述了随机变量 X 的取值小于等于 x 时的概率。

对于连续随机变量，概率密度函数 $f_X(x)$ 可以由概率分布函数 $F_X(x)$ 微分或求导得到：

$$f_X(x)=\frac{\mathrm{d}F_X(x)}{\mathrm{d}x}$$

对于离散随机变量，分布列可以由差分得到：

$$p_X(x)=F_X(x)-F_X(x\_)$$

式中，$x\_$ 是小于 x 且离 x 最近的随机变量的可能取值。

2.2.2 数据中的随机性

已经简单了解了概率的基本知识，明确了概率研究的对象为“可以重复进行的随机试验”。那么这跟数据分析有什么关系呢？举一个例子来说明如何从“随机试验”的角度看待数据。以某班学生成绩表为例，如表 2-1 所示。

表 2-1 某班学生成绩表

序号	学生姓名	性别	学习时间	学期一	学期二	学期三	学期四	学期五	学期六
1	张一	男	3	55	36	68	45	25	47
2	张二	女	4	74	93	56	80	62	64
3	张三	男	6	94	89	99	100	82	100
4	张四	男	4	77	75	74	96	55	63
5	张五	女	5	84	69	77	82	53	98
6	张六	男	5	93	71	100	100	81	100
7	张七	男	6	89	64	93	90	53	100
8	张八	女	8	93	86	74	83	68	100
9	张九	男	1	51	46	38	38	35	33
10	张十	女	3	71	52	54	59	56	83

续表

序号	学生姓名	性别	学习时间	学期一	学期二	学期三	学期四	学期五	学期六
11	张十一	男	2	30	19	21	11	13	38
12	张十二	女	5	83	58	89	87	70	85
13	张十三	女	5	93	84	100	98	73	85
14	张十四	女	3	74	94	79	75	54	62
15	张十五	男	6	95	94	79	95	68	90
16	张十六	女	6	83	84	95	83	72	95
17	张十七	男	4	62	62	49	74	40	80
18	张十八	女	9	99	100	84	77	69	100
19	张十九	男	6	78	61	94	95	51	100
20	张二十	女	5	89	100	70	72	65	95

在表 2-1 中，每个学生的数据都是自己考出来的，都是“确定的”，这跟“随机试验”有什么关系呢？这里需要注意，当我们用概率统计的方法去看待和分析数据时，需要假设这个数据是由随机试验产生的，以“学期一”那一列的数据为例，假设的过程如下：

① 存在一个成绩总体，使得每一个学生的成绩都是从这个总体中抽出来，例如“张十九”之所以考 78，是因为张十九从这个成绩总体中“随机抽出了”“78”这个成绩样本。

② 这个总体中，出现各个成绩的概率可能是不一样的，是满足一个假设的概率分布，这使得学生抽成绩的时候每个分数被抽到的可能性是不一样大的。

③ 每一个学生的成绩都是独立抽取的，跟其他人没有关系，且互相不影响，别人抽到的成绩自己也可以再次抽到。

④ 每一个学生都是从同一个总体或者满足同一个分布的总体中抽取的。

这四条合在一起，就是使用概率统计的方法研究数据的基本假设，也被称为独立同分布假设（independent and identically distributed, I.I.D）。

独立同分布之所以要进行着重强调，是因为只要在处理数据中用到了概率统计的方法，就要默认这条假设成立。很多统计学中的运算之所以合理都是基于独立同分布假设的。所以，即使生成数据的实际过程不是这样，也需要假设成是这样生成数据的。

“独立同分布”是个很强的假设，在绝大部分生活场景中都“几乎不可能”满足这个假设，但这并不妨碍其广泛适用性。例如在医学中，人和人的个体差异性很大，这时候再假设每一个人都是从独立同分布的总体中抽取出来的，显然不合理。但几乎所有的医学参考指标都是通过统计学计算出来的，医生也能基于这些指标进行诊断。从案例 5 和这段描述中大家可以发现，如果单从数学角度进行分析，医学诊断的正确率几乎可以忽略不计，如果只相信数据和所谓科学的计算，“误诊”才是绝大多数时候应该发生的情况，这与在现实中的直观感觉违背，所以有时候基于数学推断出来的结果在现实中未必好用，还是应该尊重各个领域处理问题的经验和方法。

所以即使在这个数据被刻意强调的时代，面对现实问题，也不能太过于依赖和相信数据分析的结果和基于数据建立的模型。

2.3 数据的形态与中心极限定理

2.3.1 正态分布

在一些概率统计的教材中，都是用概率分布函数来描述一

种随机变量的概率分布的。同时，在过去，计算机并没有那么普及，有时候概率分布函数很难计算。例如正态分布的概率分布函数：

$$\Phi(x)=\int_{-\infty}^{x}\frac{1}{\sqrt{2\pi}\sigma}\mathrm{e}^{-\frac{(t-\mu)^2}{2\sigma^2}}\mathrm{d}t$$

该函数就不能继续化简，即不能用一个简单的代数式写出。

所以在一些较老的教材中，对于一些典型分布（例如正态分布）的分布函数，会提供在取不同值时的分布函数值表，方便进行查表使用。

正态分布之所以重要，除了在很多现实数据中，会把参数分布假设为正态分布之外，还因为概率统计方法中最重要的定理之一——中心极限定理也涉及正态分布（在后文中会提到）。它直观展现了不同参数的正态分布的概率密度函数。可以看出 μ 决定了中心位置，当 $\mu=0$ 时，概率密度函数关于 y 轴对称，σ 决定了概率密度的较大取值更集中在 μ 周围还是更加分散，当 σ 越小时，概率密度函数越陡，表明随机变量的取值更有可能在 μ 周围。

正态分布的函数可以用均值和标准差表示，其表达式如下：

$$f(x)=\frac{1}{\sqrt{2\pi}\sigma}\mathrm{e}^{-\frac{(x-\mu)^2}{2\sigma^2}}$$

均值为 0，标准差为 1 的正态分布为标准正态分布。

任意的正态分布都可以通过线性变换转化为标准正态分布，标准正态分布的表达式如下：

$$\phi(x)=\frac{1}{\sqrt{2\pi}}\mathrm{e}^{-\frac{x^2}{2}}$$

正态分布中有一个 3σ 原则，即约有 65.26% 的数值落在区间 $[\mu-\sigma,\mu+\sigma]$ 中，约有 95.44% 的数值落在区间 $[\mu-2\sigma,\mu+2\sigma]$ 中，约有 99.74% 的数值落在区间 $[\mu-3\sigma,\mu+3\sigma]$ 中，也就是说，随机变量的取值几乎在这个范围内。

通过代码，可以方便地画出各种正态分布的概率密度图形，代码如下：

```
import numpy as np
from scipy.stats import norm
import math
import matplotlib.pyplot as plt
%matplotlib inline
%config InlineBackend.figure_format = 'svg'

X = np.arange(-10,10,0.1)
Y1 = norm.pdf(X,0,1)   # 均值为0，标准差为1
Y2 = norm.pdf(X,0,2)
Y3 = norm.pdf(X,0,3)
Y4 = norm.pdf(X,2,1)
Y5 = norm.pdf(X,0,0.6)

plt.plot(X,Y1,'k-.',linewidth=3.0)
plt.plot(X,Y2,'r--')
plt.plot(X,Y3,'b-')
plt.plot(X,Y4,'c:')
plt.plot(X,Y5,'k-.')

plt.legend(labels=['$\mu = 0, \sigma = 1$', '$\mu = 0,
\sigma = 2$','$\mu = 0, \sigma = 3$', '$\mu = 2, \sigma =
1$''$\mu = 0, \sigma = 0.6$'])
plt.show()
```

结果如下：

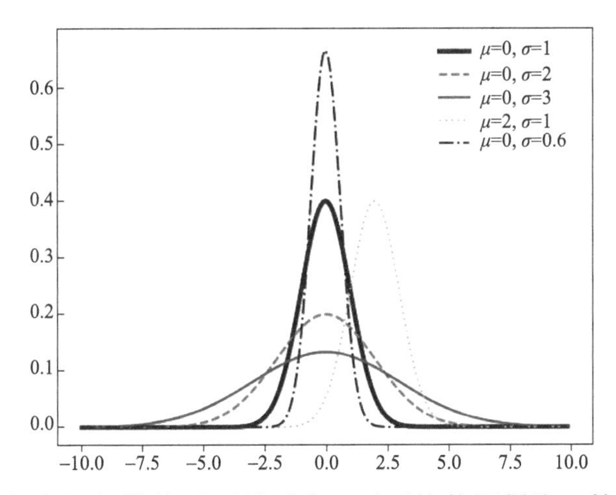

从程序运行的结果可以看出，对于均值同样为 0 的正态分布，如果它的图形“尖”于标准正态分布（图中粗实线），则说明该正态分布的标准差小于 1；反之，如果比标准正态分布的图形要“肥”，则说明该正态分布的标准差大于 1。即标准差越大，则曲线越平缓；标准差越小，则曲线中部越陡峭。

2.3.2　中心极限定理

在如正态分布的计算公式中，μ 是总体的“理论平均值”（也被称为数学期望），而不是由数据计算出来的样本均值 $\bar{x}$。这二者的区别是什么呢？就像之前提到的，当用概率统计的方法研究问题时，默认所有数据都是在独立同分布的总体中抽取的样本。自然地，因为只抽取了部分样本，所以抽取样本的平均值未必就是把总体都考虑进去之后的理论平均值。那么怎么计算理论平均值呢？一般情况下是没有办法计算的，所以只能通过样本均值去估计总体的理论平均值。

当我们希望研究这个数据集计算出来的样本平均值去估计总

体的平均值时，自然需要论证这么做是否合理。这里就不得不提到概率统计中另一个已经被证明的重要定理——中心极限定理。

中心极限定理假设 $X_1,X_2,\cdots,X_n$ 是满足独立同分布的 n 个随机变量，定义一个随机变量：

$$Z_n=\frac{\sum_{i=1}^{n}X_1-n\mu}{\sqrt{n}\sigma}$$

式中，μ 为总体的“理论均值”；σ 为总体的“理论标准差”。则当 n 趋于正无穷时，Z_n 的分布函数趋近于一个均值为 0 且标准差为 1 的标准正态分布函数：

$$\lim_{n\to+\infty}P(Z_n\leqslant x)=\Phi(x)$$

式中

$$\Phi(x)=\int_{-\infty}^{x}\frac{1}{\sqrt{2\pi}}\mathrm{e}^{-\frac{t^2}{2}}\mathrm{d}t$$

中心极限定理中定义的统计量是“样本均值与总体的理论平均值的差值除以理论标准差，最后再乘以$\sqrt{n}$”：

$$Z_n=\frac{\frac{\sum_{i=1}^{n}X_1}{n}-\mu}{\sqrt{\sigma^2/n}}$$

从上文介绍的均值为 0、标准差为 1 的标准正态分布的概率密度函数图可以得到结论，这个差值有极大概率在均值 0 周围，根据正态分布的概率密度函数，这个差值落在 3 倍标准差的区间 [−3,3] 中的概率为 0.997。

由中心极限定理可知，随着样本量的增大，样本均值有极大概率落在总体的理论均值周围，二者的差距很有可能非常小。这

就说明了用样本均值估计总体均值的合理性。

同时，基于中心极限定理，所猜测的总体均值也未必一定就需要等于样本均值。例如表 2-1 中“学期一”成绩计算出来的样本均值为 78.35，完全可以猜测为 80。假设知道$\sqrt{\sigma^2/n}=4$，这时候计算出来的 $Z_{20}=-0.42$，也在 $[-3,3]$ 中，也是非常合理的。

这种做法在统计学中发展出来一系列对于统计量的统计推断方法，例如置信度估计和假设检验，有兴趣的同学可以自行查阅统计学书籍进行深入学习。

要注意中心极限定理能够成立的前提是每一个样本都是从独立同分布的总体里抽取的，这就是之前一定要强调独立同分布的假设的原因。

在中心极限定理的基础上，统计学家们已经证明，对于样本的方差，与总体“理论方差”的差值也会在极限情况下趋于某个分布（χ^2 分布）。对于两个数据集的均值的差值，也会在极限情况下满足某个分布（t 分布），这一般用来检测其是否是从同一个样本中抽取的。

与均值的估计类似，可以利用这些定理去做一些其他统计量的推断，并验证其合理性，在这里不进行展开论述。只需要记住一点，以上这些所有证明的前提是使用的数据集的样本都满足独立同分布的假设。

第3章

数据收集与整理

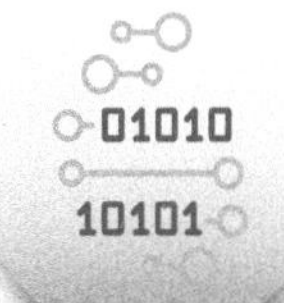

3.1　如何获取数据

3.1.1　获取一手数据

一手数据是指收集者自身通过各种方法和途径，收集的原始数据。例如，当你想知道你们年级的同学们最喜欢哪部动漫时，你需要一个一个去问，然后记录同学们喜欢的动漫名称；或者向同学们发放问卷，然后回收。这种需要收集者自己逐个收集的数据，就是一手数据。与之相对的，二手数据指的是从他人那里直接获取的数据，例如，你可以在天气中心的网站上直接下载到近1个月的天气数据。由于每一天的天气不是你亲自去测量的，所以一般这样的数据被称为二手数据。

那么，如何获取一手数据呢？在本章中，将会分享获取一手数据的三种常用方法：科学实验、社会调查、模拟仿真。

（1）科学实验

科学实验，是指出于一定目的、借助仪器设备并在人工控制的条件下，观察、研究自然现象及其规律性的实践活动。科学实验自身就会产生数据。

科学实验一般分为两种：一种是探究性实验，即在做实验前并不知道最后的结果是什么，通过尝试的方法得到不同的结果，并根据实验数据建立模型和理论，例如药物研发中的有机合成实验；而另外一种是验证性实验，即现有的理论已经能够“推导”或者“预测”出来大概的正确结果，需要通过实验来验证理论的正确性。在中学阶段，教科书中的大部分科学实验，在教学实践过程中，几乎都变成了所谓的验证性实验，因为实验所涉及的科学理论或者模型已经被前人提出。例如，物理学科中的伏安法测电阻的实验，如果在做实验之前不知道$I=\frac{U}{R}$这个公式，这个实验就是一个重走科学家之路的探究性实验。但是事实上，大部分同学在做实验之前，就已经知道了“欧姆定律”，自然而然，伏安法测电阻的实验也就变成了验证性实验。

这也就导致了在大部分人心目中，科学理论是“无比正确”的，而科学实验只是用来验证理论的正确性的。这种想法本身就是对“科学”的误解。所谓科学，是在特定范围内，对特定现象的恰当解释，没有所谓的正确与否。只是人类会习惯性地希望，这些恰当解释之间是自洽的，而且最好有一个统一的理论能够涵盖所有现象。但事实却总是与理想背道而驰，例如，可以在上大学后注意对比牛顿经典力学、电动力学（相对论）、统计物理以及量子力学这四门课程，就会发现这四种“物理理论”的显著差异，其对于不同适用场景有不同的解释方式。在学习物理、化学、生物等科学学科时，注意区分科学内容本身与评价（考试中）的标准答案。

话说回来，在理论诞生之前，科学实验最初都是探究性实验，人们并不清楚实验中主要包含哪些变量，也不清楚这些变量之间的关系。人们希望通过科学实验记录实验数据，然后基于数据建立与现存的理论尽可能不矛盾的模型，这个模型就是新的科学理论。中学课程中的部分实验，其本来出现的目的是探究性的实验，是记录实验数据、分析实验数据，最终再建立模型的。在这里举一个探究性实验获取数据的小例子。

· 案例 1：怎么接水不被烫到？

在现实生活中，经常会在公共场所（例如车站、机场）看到图 3-1 所示的需要用“纸杯接热水”的场景。接热水的时候有时候会有一个烦恼，如果杯子离水龙头远，或者接得太快太满，那么手很容易被溅出来的热水烫到；如果杯子离水龙头太近，又会有

卫生问题的担忧；如果慢慢接水，也需要花很久才能接满一杯水。所以怎么接水才能又快又不被烫到呢？

在做实验之前，并不知道有哪个物理模型可以直接套用，为了解决这个问题，需要通过测量数据尝试建立模型。首先，需要“假定”哪些变量跟实验结果有关，即在实验中需要测量什么，进而做实验验证，提取出可能影响最终结果的变量以及变量间的关系，最终再尝试建立模型。

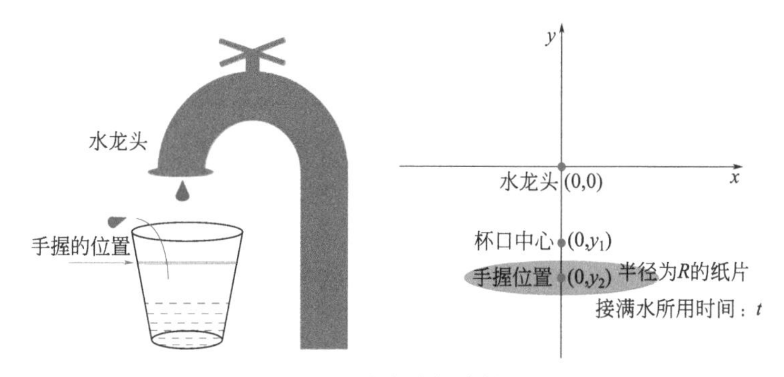

图 3-1　水龙头接水模型

如图 3-1 所示，在这个问题中，可以建立直角坐标系，将龙头位置设定为原点位置 (0,0)，水杯的杯口位置为 $(0,y_1)$，手握的位置为 $(0,y_2)$，在手握位置放置一半径为 R 的圆片。是否被烫到可以用接满一杯水过程中，溅到手握位置的水滴数 n 来衡量，水滴数越多，表明被烫到的可能性越大。水流速度可以用接满一杯水所用时间 t 来描述，即用$\frac{1}{t}$来描述水流速度。

所以，实验的目的是找到被溅到的水滴数 n 与水流速度$\frac{1}{t}$之间的函数关系式，可能影响结果的变量除了 t 外，杯口位置 y_1 以及手握的位置 y_2 都是可能影响结果的因素。

做了 9 次实验，并记录了实验数据，如表 3-1 所示。从表中可以相对“武断”地建立模型：$n=-\frac{10(y_1+y_2)}{t}$。

表 3-1 接水实验记录表

t/ 秒	y_1/ 厘米	y_2/ 厘米	n/ 落在纸上的水滴数
50	−10	−12	5
50	−5	−7	2
50	−2	−4	0
30	−10	−12	10
30	−5	−7	7
30	−2	−4	3
10	−10	−12	27
10	−5	−7	13
10	−2	−4	2

有的读者可能会在此问题的解决和实验设计上有不同看法。例如，有的变量测量重复，如手握位置 y_2 与杯口位置 y_1 有很大联系，所以没有必要重复测量；例如，有的变量也应该被考虑：杯口的半径大小；例如，建立模型的过程过于“武断”，没有考虑物理模型……这些需要讨论的问题恰恰体现了探究性实验与中学阶段常规课堂上做的验证性实验的巨大差异。

做探究性实验时，不同人在设计实验时可能会有不同的观点，也会选择测量不同的变量，从而建立不同的模型，这是很正常的事情，没有绝对的对与错。从数据收集的角度看，在科学实验测量和收集变量之前，首先应该要确定的是测量和收集哪些变量。同时，也要注意，没有完美的“变量”，能够选择出足够说明观点的“变量”即可。

（2）社会调查

什么是社会调查？社会调查是指为了达到一定目的或者反映一些问题，通过对社会现象的考察、分析和研究，了解社会真实

情况的一种活动。我们在中学阶段做的一些社会实践活动就涉及社会调查，例如针对“同学们最喜欢看的动漫类型”收集的问卷；针对“北京老建筑的文化渊源”开展的街道间访谈；等等。与科学实验一样，社会调查也会收集到很多的原始资料，或者也可以称之为数据。社会调查是一个庞大且复杂的领域，有一些规范的方法，并不能全凭自己的感觉，想怎么做就怎么做。例如，做访谈时如何设计有价值的问题？如何设计出效度和信度都高的问卷？如何用规范的语言记录观察到的社会现象？这些问题在社会调查领域中都是有较为明确和规范的答案的。

访谈、问卷、观察都是社会调查常见的方法，在本书中，对于社会调查方法不做过多展开，读者可以搜索社会调查方法相关的书籍进行阅读和学习。此处，用一个案例来说明如何开展社会调查并收集数据。

- **案例 2：网络对青少年的影响。**

在设计问卷的时候，首先列举我们能够想到的与研究内容相关的有价值的问题，例如下面是在一个问卷中选取的 5 个有价值的问题。

1. 你的年龄是________________
2. 你上网的频率是________________
3. 你上网主要用来干什么？________________
4. 你的家长或监护人对你上网的态度是什么？______________
5. 有些学生因上网而使学业退步。你认为造成这种现象的原因是什么？____________

对于第一次设计问卷的人来说，会认为这 5 个问题都非常合理。但仔细一想就会发现，当受访者真正作答问卷时，会产生很多问题，从而导致无法顺利填写问卷，进而会造成收集到的问卷数据很难进行整理。通过以上 5 个问题，简单列举在中学生中设计社会科学的问卷时应该注意的事项。

① 一个标准的问卷需要在所有问题之前有一个导语，用来向受访者说明问卷的设计意图、如何填写问卷以及后续的用途。例如，在第一个问题之前应该有类似如下的话：

“尊敬的受访者，您好！本问卷是面向 ××× 的调查问卷，旨在用来 ×××，请您在 ×× 小时内填写问卷。本问卷后续会用来 ×××，全部信息会做匿名化处理……”

② 对于问答题或者填空题，最好都是能够填写相对确定的答案的问题，而不是开放的问答题。开放的问答题会使得受访者在回答每道题的时候，可以填写的形式过于灵活，会导致收集上来的答案多种多样。例如，第 1 个问年龄的问题，由于不同人的年龄计算方式（年初、年末、生日、周岁、虚岁）不一样，受访者填写的内容可能与真实情况有很大偏离，很容易导致收集上来的信息不准确。不如将问题改成“你的出生年月是____________”，让受访者填写他的出生年月。

③ 问题中涉及的概念，受访者必须能够很容易地理解。社会科学中，一般要求问卷中出现的概念必须是已经被设计者解释且可以明确测量的操作化定义。例如第 2 题中，“频率”就是一个非常不清晰的概念。有些人可能会理解为一天看几次手机，而另一些人可能会理解成一周之内会用多长时间上网。所以在设计第 2 题时，建议将问题中的“频率”直接变成可以明确测量的概念，例如 ×× 分钟 / 天。当然，另一种替代方案是将此题作为选择题，在选项中进行概念的明确。

④ 对于开放性的问题，也可以以选择题的形式呈现，将重要的选项列出，不重要的选项可以设定为“其他”。例如第 3 题询问上网的用途，上网的用途太多，所以受访者很难确定自己到底要填什么，填的内容精确到什么程度或者细致到什么程度。这时候需要问卷设计者给出一些常见的选项，例如“上网课”“查

询学习资料”“刷短视频”“看动漫 / 剧 / 小说”“玩游戏”“学校沟通”“其他”。

⑤ 对于带有“强度属性”的问题，例如第 4 题中的“对上网的态度”，可以使用量表形式来体现强度。例如，著名的李克特量表（likert scale）一般会把态度分为 5 级：“非常不支持”“比较不支持”“保持中立”“比较支持”“非常支持”。通过这 5 个等级可以将家长对上网的支持程度进行平滑分级。有时候量表的分级也可以使用 3 级或者 7 级，主要取决于具体需要。但从经验的角度，一般 5 级量表比较适合绝大部分“强度属性”的问题。分级太少可能会导致提取的信息不全；分级太多时，受访者未必考虑得那么细致，会导致很多级失去实际意义。

⑥ 所有问题尽可能保持客观性，尽可能不在受访者回答之前就给予主观引导。例如第 5 题中，“有些学生因上网而使学业退步”，这个措辞相当于问卷设计者人为地把学业退步的原因直接归为上网，带有明显的主观倾向。在设计问卷时要尽可能避免这种问题出现。如果想保留这种问题，需要提前铺垫一个问题，例如“学生上网和学业退步的相关性”的量表题。

经过以上的描述，可以将问卷进行简单修改，如下：

“尊敬的受访者，您好！本问卷是面向 ××× 的调查问卷，旨在用来 ×××，请您在 ×× 小时内填写问卷。本问卷后续会用来 ×××，全部信息会做匿名化处理…”

1. 你的出生年月是____年____日（例：1991 年 5 月）

2. 你上网的频率是________________

A. 平均＜ 30 分钟 / 天

B. 平均 30 ～ 60 分钟 / 天

C. 平均 60 ～ 120 分钟 / 天

D. 平均＞ 120 分钟 / 天

3. 你上网的主要用途是________________【多选，最多选 3 项】

A. 上网课

B. 查询学习资料

C. 刷短视频

D. 看动漫 / 剧 / 小说

E. 玩游戏

F. 学校沟通

G. 其他________________（请填写）

4. 你的家长或监护人对你上网的态度是什么________________

A. 非常不支持

B. 比较不支持

C. 既不支持也不反对

D. 比较支持

E. 非常支持

5. 你认为学生上网是否会导致学业进步 / 退步？

A. 一定会导致进步

B. 比较可能导致进步

C. 可能会导致进步或者退步

D. 比较可能导致退步

E. 一定会导致退步

问卷通过以上修改，受访者可以相对明确地填写每一个问题。但是，这个问卷明显还有一些问题没有解决。例如，并没有涵盖所有与主题相关的关键问题。再例如，第 5 题的设定很容易导致受访者都选择 C 选项。

一般一个调查问卷的设计不是一蹴而就的，需要进行反复修改，也可以使用先发放少部分问卷进行前期测试，之后再修正等方法。总之，社会科学中的问卷设计不是随随便便就可以完成的，是需要有一定科学规范的流程，才能保证收集上来的数据尽可能真实可用。

（3）模拟仿真

随着信息技术的发展，很多科学实验并不需要在实际现场做，而是可以先使用计算机进行仿真，看一下预期效果并收集前期数据，最后再动手做实验。这样既可以节约实验成本，也可以帮助

找到关键的实验观测角度。现有的仿真软件非常强大，也会通过计算机手段在一定程度上引进随机性，保证仿真“更加接近于真实”。这里用一个简单的数学实验来展示通过模拟仿真收集数据，进而解决问题。

· 案例 3：蒙特卡罗模拟计算圆周率

我们都知道圆周率 π 是一个至今没有确定具体数值的无理数。为了得到较为精确的 π 的数值，历史上有非常多的数学家倾注了自己的毕生心血。早在公元 263 年，我国数学家刘徽就使用了割圆术来计算圆周率的数值，即通过圆内接正多边形细割圆，并使正多边形的周长无限接近圆的周长，进而来求得较为精确的圆周率的估计值。

当今时代，也可以用计算机模拟的方法来得到圆周率的值，一种比较著名的方法叫作蒙特卡罗方法（Monte Carlo method），它是在二十世纪四十年代中期为了计算核物理中复杂的公式而被广泛应用的。蒙特卡罗方法的基本思路是：通过多次重复实验的方法，统计各种情况出现的频数，从而用频率估计概率等统计学手段，来估计各个参数的值。在中学数学教材中也或多或少提到过蒙特卡罗模拟，例如布丰投针实验，有兴趣的读者可以去翻阅。在这里，提供一种使用蒙特卡罗模拟收集数据，然后计算圆周率的方法。

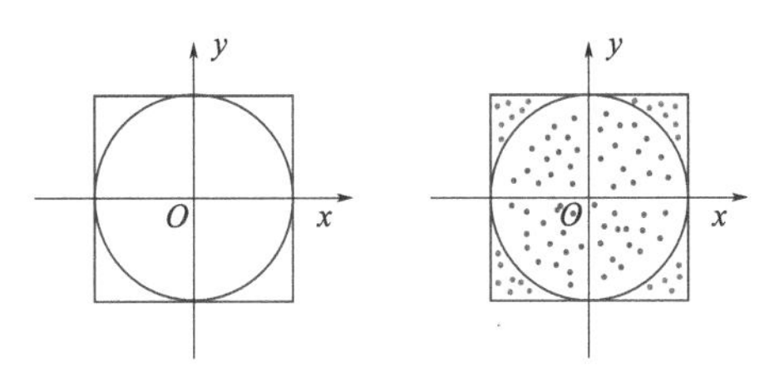

图 3-2　蒙特卡罗模拟计算圆周率

如图 3-2 所示，构造一个边长为 2 的正方形，以正方形的中心为圆心，画一个半径为 1 的圆。同时，以正方形的中心为原点，建立平面直角坐标系。圆的面积计算公式为：

$$S_{圆}=\pi r^2$$

式中，r 为圆的半径，在本例中 $S_{圆}=\pi$。

相应的，正方形的面积为边长的平方，在本例中 $S_{正方形}=2^2=4$，因此$\frac{S_{圆}}{S_{正方形}}=\frac{\pi}{4}$。

此时，可以向正方形内投掷非常多的点，基于中学概率的有关知识，点落在圆内的概率即为$\frac{S_{圆}}{S_{正方形}}$。所以，只需要统计落在圆内的点所占的比例，就能得到$\frac{\pi}{4}$的估计值，最后再乘以 4 就可以估计出来 π 的值。

当进行此实验时，首先需要使用定量的方法来判断一个点是否在圆内，才能进行统计。在图 3-2 对应的实验中，设一个点 A_i 的坐标为 (x_i,y_i)，当 (x_i,y_i) 到原点 (0,0) 的距离小于圆的半径时，点 A_i 在圆内，否则不在圆内。用变量 h_i 的值来表示一个点 A_i 是否在圆内，当 $h_i=1$ 时，点 A_i 在圆内，否则点 A_i 不在圆内。故有

$$h=\begin{cases}1, & \sqrt{x^2+y^2}<1\\0, & \sqrt{x^2+y^2}\geqslant 1\end{cases}$$

在 Python 中实现此实验，代码如下：

```
import numpy as np
import random  # 生成随机数的库
n = 1000000  # 实验次数为 n 次
```

```
h_mem = []  # 记录每次实验是否在圆内的 list
for i in range(0,n):
      xi = random.uniform(-1,1)  # 横坐标是 -1 到 1 的随机数
      yi = random.uniform(-1,1)  # 纵坐标是 -1 到 1 的随机数
      di = np.sqrt(xi*xi+yi*yi)  # 计算到原点的距离
      if di < 1:
           h = 1  # 在圆内
      else:
           h = 0  # 不在圆内
      h_mem.append(h)  # 将此次实验结果追加到末尾
n_in = sum(h_mem)  # 统计 1 的个数
p = n_in/n  # 计算 1 出现的概率
num_pi = p*4  # 概率乘以 4 得到 pi 的估计值
print(num_pi)  # 打印结果
```

输出的结果为：

```
3.142984
```

当然，因为每次实验都是随机生成的数，所以每次实验的结果可能会不同。为了提高准确率，也可以增加实验次数。根据“大数定律”，当实验次数趋于无穷时，频率会趋近于概率。此时，由实验得到的 π 的值也会趋近于 π 的真实值。

在这一小节，讲解了获取一手数据的三种常用方法：科学实验、社会调查、模拟仿真，每一种方法都举了一个简单的小案例。在本书中只对这三种方法进行了蜻蜓点水式的介绍，方便读者在使用这些方法进行项目实践并收集数据时，能够快速地上手。如果想把一个数据相关项目做完善，还是需要根据实际情况，在这些方法上进行适当拓展。

3.1.2 获取二手数据

除了通过科学实验、社会调查、模拟仿真生成所需要的数据，有时候也会使用一些别人帮忙收集的数据，也就是二手数据。在别人收集到的数据集上进行分析，这种情况在科学研究领域十分常见。例如 ImageNet 这个开源的图片数据集，在 2011 年发布以后被广泛应用在计算机视觉领域的研究中，类似的图片数据集还有鸢尾花数据集、MNIST 手写数字识别数据集、CIFAR 物体检测数据集等。那么，怎么才能获取这些二手数据呢？

在这里简单介绍两种获取二手数据的方法。

（1）使用别人整理好的数据集

就像刚才提到的鸢尾花、MNIST、CIFAR 等数据集，很多人工智能的研究者们都发布了自己整理好的开源数据集，主要用于学术研究。读者可以去一些论文的参考文献中找到随论文同步发布的代码和数据集，从而下载到别人学术研究中使用的数据集。当然，也可以选择去 CSDN、Gitee、GitHub 等开源代码网站，检索别人使用过的数据集。

随着人工智能技术的发展，有一些公司和机构也开始组织基于数据的线上比赛，例如阿里天池大赛、Kaggle 平台等，这些平台会有公司定期发布一些比赛信息，比赛获奖者还会获得一部分的奖励和资助。并且，随着平台的逐渐成熟和完善，这些比赛平台也会整理出一些供新手和学习者使用的“教学数据集”，方便大家在这些数据集上入门数据分析。

另外，几乎所有的学术机构、医疗机构、企业和公司等都会有自己的数据。每一个单位都会在运行过程中自然生成很多数据。专业的数据一般也需要行业内专业的数据分析人员进行分析，通

过定量化的手段得出一些能够运行的模型和结论。但是，受限于数据分析需要比较高的技术门槛和人才支撑，现阶段绝大部分单位并不能很好地将自己内部数据用起来。同时，由于内部数据涉及敏感信息、商业机密等内容，有时候也不方便让外部人员帮忙分析。所以，在全社会范围内，如何提升每一个人的数据分析能力，是一个亟待解决的问题。

在 Scikit-Learn 库中，除了提供很多机器学习的算法函数外，还内置了很多经典的数据集，比如使用较多的鸢尾花数据集、波士顿房地产数据集、红酒数据集甚至手写数字识别数据集等。苦于没有数据用来练习的读者可以通过对该库的使用获取数据，通过下述代码可以查看数据集的描述。

```
import numpy as np
import pandas as pd
from sklearn import datasets
iris = datasets.load_iris()
print(" 关于 iris 的数据集的描述: \n",iris.DESCR)
```

结果显示如下:

```
**Data Set Characteristics:**

    :Number of Instances: 150 (50 in each of three classes)
    :Number of Attributes: 4 numeric, predictive attributes and the class
    :Attribute Information:
        - sepal length in cm
        - sepal width in cm
        - petal length in cm
        - petal width in cm
        - class:
                - Iris-Setosa
                - Iris-Versicolour
                - Iris-Virginica

    :Summary Statistics:

    ============== ==== ==== ======= ===== ====================
                    Min  Max   Mean    SD   Class Correlation
    ============== ==== ==== ======= ===== ====================
    sepal length:   4.3  7.9   5.84   0.83    0.7826
    sepal width:    2.0  4.4   3.05   0.43   -0.4194
    petal length:   1.0  6.9   3.76   1.76    0.9490  (high!)
    petal width:    0.1  2.5   1.20   0.76    0.9565  (high!)
    ============== ==== ==== ======= ===== ====================

    :Missing Attribute Values: None
    :Class Distribution: 33.3% for each of 3 classes.
    :Creator: R.A. Fisher
    :Donor: Michael Marshall (MARSHALL%PLU@io.arc.nasa.gov)
    :Date: July, 1988
```

上面显示的结果给出了针对鸢尾花数据集描述的部分内容，从结果中可以看出，数据描述中不但给出了数据量、特征数、特征名称以及分类等信息，还给出了一些关于描述统计、创建者等信息。实际上，针对该数据的来源还有一些描述以及相关参考文献，本书不再一一列举。

导入该数据后，还可以将其导出为 csv 或者 Excel 等格式的文件，方便在其他场合使用，代码如下：

```
col = list(iris["feature_names"])
X = pd.DataFrame(iris.data, index=range(150),
columns=col)
y = pd.DataFrame(iris.target, index=range(150),
columns=["outcomes"])
Xy = y.join(X, how='outer')  # 合并相同行索引的数据
Xy.to_csv(" 鸢尾花数据集 .csv")
```

（2）网络爬虫

网络爬虫（network crawler）是一种按照一定的规则自动抓取互联网信息的程序或者脚本。网络爬虫通过模拟人类浏览网页的过程，在短时间内按照设定好的规则和程序“模仿”人类浏览网页并下载数据。网络爬虫可以帮助收集一些比较零散的二手数据。不过，要注意的是，在书写和使用爬虫时，一定要遵守国家和地区的法律法规，且符合浏览网页时的相关规定，不要使用爬虫冲击网站的服务器。下面，通过一个小案例分享如何通过爬虫获取网页的数据。

· 案例 4：爬取某中学的课程体系表格

一般很多网站的数据都是表格类的数据，对于表格类的数据，使用 Python 中的 pandas 库可以轻松地提取和下载。以下就是一个小案例。

```
import pandas as pd  # 导入 pandas 表格读写库
url = 'https://www.bnds.cn/index.php?m=content&c=index&
a=lists&catid=55' # 想要访问的网页地址
df = pd.read_html(url)[0] # 直接使用 pandas 自带的功能抓取
网页表格信息
df.to_csv(" 某学校分层课程 .csv", encoding='utf_8_sig',
header = 1, index = False) # 存储表格
```

其中，url 地址即网页的域名，可以直接从网页中复制粘贴。将以上代码运行后，会得到一个 .csv 的无格式表格文件，内容如表 3-2 所示。

表 3-2　某中学分层课程体系

课程	适用学生	课程类型
数学Ⅰ	准备选学人文社会、语言、法律、经济、商科、农林、中医、艺术等专业方向的学生，出国留学方向学生	分层必选
数学Ⅱ	准备选学经济、金融、数理、工程、矿业、医学、师范类等专业方向的学生	分层必选
数学Ⅲ	喜欢数学，自主学习能力强，善于独立思考钻研，准备选学计算机、信息学、数学、物理等专业方向的学生	分层必选
微积分Ⅰ	为对数学、物理等理工科专业感兴趣的学生开设的大学先修课程	自选
微积分Ⅱ	为对数学、物理等理工科专业感兴趣的学生开设的大学先修课程	自选
线性代数	为对数学感兴趣的学生开设的大学先修课程	自选
概率统计	为将来专业方向为理工类、金融类、经管类且具有一定微积分基础的学生开设的大学先修课程	自选
高中数学（E）	出国留学方向学生	必选
微积分与统计学	出国留学方向学生	必选
AP 微积分	出国留学方向学生	自选
AP 统计学	出国留学方向学生	自选
竞赛数学	准备参加数学学科竞赛的学生	自选
强基数学	准备参加强基计划的学生	自选

pandas 库可以帮助我们读取表格数据，其读取命令类似于在本地读取表格的命令，非常简单，几行代码就能爬取一个网页的表格。当一个网页上只有一个表格时，pandas 库可以很好地实现表格下载。对于更加一般的情况，例如爬取网页上的其他内容或者更多表格，就不得不了解一下网页脚本语言，并且使用 Python 中更加通用的 requests 库进行内容爬取。例如，对于表 3-2，使用 requests 库进行爬取的代码如下：

```
import requests  #爬虫访问网站的包
import chardet  #编码转换包
from bs4 import BeautifulSoup as bs  #BeautifulSoup 是一个很常见的字符串爬取包
import pandas as pd  #表格读写
url = 'https://www.bnds.cn/index.php?m=content&c=index&a=lists&catid=55'  #想要访问的网页地址
#网页头部信息：字典型，可以在浏览器中打开对应网页，然后按 F12，在 Network 标签中，选择 Doc 标签，然后按 F5 刷新找到以上信息
headers = {'User-Agent': 'Mozilla/5.0 (Windows NT 10.0; Win64; x64) AppleWebKit/537.36 (KHTML, like Gecko) Chrome/103.0.0.0 Safari/537.36'}
response = requests.get(url,headers=headers)  #爬取网页信息
response.encoding = 'utf-8-sig'  #利用 chardet 的 detect 方法转换编码
txt = response.text  #读取网页中的文本
txt = bs(txt,features="html.parser")  #将文本的内容用 BeautifulSoup 库统一整理，形式上更好看
table = txt.find("table")  #查找表格
columns = [i.get_text(strip=True) for i in table.find_all("th")]  #读取表格的表头
data = []  #在 Python 中建立空 list 用于存储表格
for tr in table.find_all("tr"):  #逐行读取表格
```

```
    data.append([td.get_text(strip=True) for td in 
tr.find_all("td")])
del data[0]  #删除表格头行
df = pd.DataFrame(data, columns=columns)  #生成 pandas 
的表格文件（DataFrame 文件）
print(df)
df.to_csv("某学校分层课程.csv",encoding="utf_8_sig", 
header = 1, index = False)  #存储表格
```

在使用 requests 库时，首先需要对访问方式进行“解析”，输入网页的 header 信息，这些信息可以告诉程序如何访问网页。对于如何找到 header 信息可以参见图 3-3。

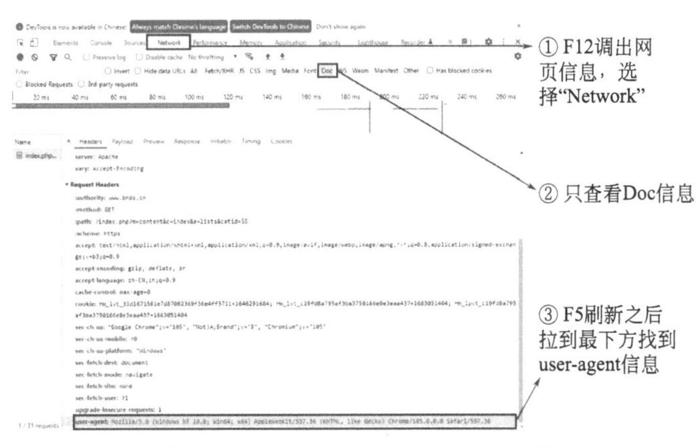

图 3-3　如何查看网页的 header 信息

另外，由于表格中存储的是文本信息，所以还需要使用 BeautifulSoup 这个辅助库来解析编码，不至于出现乱码的形式。

最后，既然要下载表格信息，那么就需要检测网页中的表格，一般情况下，用 <table> 括起来的部分为表格的内容，<tr> 与 <\tr> 括起来的部分表示的是表格的一行，在一行中 <td> 与 <\td> 括起来的部分为一个单元格中的内容。可以通过检索这些关键词来读取表

格每一个单元格中的内容，并且按照行列对表格进行整理。这里需要特殊说明一点，什么样的内容用什么样的方式写在网页中，需要每一次单独查看，因为每个写网页的程序员的书写习惯可能略微有差异。查看方法与查看网页的 header 信息类似，需要选择 Response 选项卡进行查看。如图 3-4 所示，就是本例中表格的网页信息。

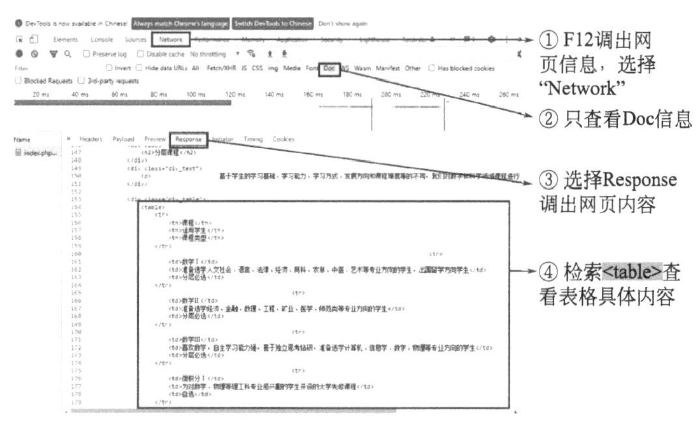

图 3-4　如何查看网页的表格信息

在本例中，以表格信息作为样例，展示了如何爬取网页信息。也可以根据自己的需求，学习更多网页脚本语言的内容，然后去爬取网页的文本、图片等信息，感兴趣的读者可以自行尝试。再次强调，使用爬虫工具时，要遵守法律法规和互联网使用规范，正确使用爬虫获取二手数据，避免因为使用爬虫工具而冲击网站或者服务器。

3.2　“二维”视角看数据

3.2.1　二维表

在诸多现实场景中，都是用“二维表”的方式来存储和表示数

据的。二维表也是人们能够普遍接受的数据呈现方式。例如，班级的学生信息表、工作中的财务报表、体检时候的化验单等都是使用二维表的方式去呈现。表 3-3 是一个班级学生的基本信息表。

表 3-3　某班级学生基本信息表

序号	姓名	学号	性别	年龄	身高 cm	体重 kg	成绩
1	张一	1900001	男	15	171	56	265
2	张二	1900002	女	15	175	55	277
3	张三	1900003	男	14	160	54	250
4	张四	1900004	男	13	171	57	269
5	张五	1900005	女	15	178	62	261
6	张六	1900006	女	13	180	65	271
7	张七	1900007	男	14	158	52	267
8	张八	1900008	男	14	173	49	269
9	张九	1900009	女	13	156	59	274
10	张十	1900010	男	14	159	61	263
11	张十	1900011	男	15	155	64	257
12	张十	1900012	女	13	169	50	265
13	张十三	1900013	男	15	152	46	266
14	张十四	1900014	女	14	174	61	258
15	张十五	1900015	男	15	164	65	264
16	张十六	1900016	女	13	165	56	280
17	张十七	1900017	男	14	170	58	255
18	张十八	1900018	女	15	154	65	271
19	张十九	1900019	女	13	171	62	268
20	张二十	1900020	女	15	161	48	259

表头 head

一个样本 sample

序号列 index column

一个变量 所有样本的取值

顾名思义，像表 3-3 这样的表格之所以称之为二维表，因为数据的呈现形式是一个矩形，包含“横向”和“纵向”两个维度。

当“横向”查看表 3-3 时，第一行看到的是表头（head），用来声明这个数据表的每一个样本包含哪些变量（variable）或者属性（attribute）。表 3-3 的表头声明了这个数据表应该包含｛序号，姓名，学号，性别，年龄，身高，体重，成绩｝这几个变量，而下面的某一行表示一个数据样本（sample）在这些属性上的取值。在表 3-3 中查看“张九”的信息为 {9，张九，1900009，女，13，156，59，274}，表明“张九”同学在数据表中的序号是 9，姓名是张九，学号为 1900009，为女生，年龄 13 岁，身高 156cm，体重 59kg，考试成绩为 274。

当“纵向”查看表 3-3 时，首先看到的是第一列序号列（index column），将这个表格中每一个样本进行唯一的标识，这样可以使该列的值定位到唯一确定的样本。例如，index=17 对应的就是“张十七”这个学生样本。当然，也可以使用“学号”信息作为序号列，因为其对于每一个学生是唯一的。而“姓名”这一列就不能作为序号列，因为在现实中很容易出现重名的情况，导致在使用姓名进行样本定位时，会得到若干个样本都符合相同的“姓名”，例如因为有三位同学的姓名叫作“张十”，所以“张十”就会定位到三个样本。建议在使用二维表存储和表示数据时，养成自己选择或者建立序号列的习惯，保证对于每一个样本有唯一的标识，这样在定位和调取样本时会非常方便。

当“纵向”查看二维表的非序号列时，可以查看某一个变量在所有样本上的取值。例如，通过查看“体重”这一列，可以读取到所有同学的体重信息，从而可以进一步地进行后续分析。比如，可以找到所有同学中的最大体重为 65kg，也可以计算所有同学的平均体重为 57.25kg 等。

综上所述，二维表的存储和表示方式给理解数据的结构带来了便利，这使得其成为最常见的数据呈现方式。通过“横向”查看二维表第一行可以得到这个数据中关注的所有变量或属性，进一

步地查看下方的某一行，可以查看某个样本；通过“纵向”查看二维表的第一列（序号列）可以定位到具体某个样本，通过“纵向”查看其他列，可以查看某个变量在所有样本上的值，从而进行后续的数据计算和分析。

将二维表中的关键概念梳理如下：

• 样本：二维表的每一行，表示“一个”数据；

• 变量：每一个样本拥有的属性，二维表的一列表示一个变量在不同样本中的取值；

• 表头：二维表的第一行，规定二维表各个变量的名字；

• 序号列：二维表的第一列，规定样本的唯一标号，用来访问样本。

数据类型（data type）是在讨论二维表时不得不提及的概念。数据类型是人们对于数据属性的一种分类，例如在表 3-3 中，每个学生的体重都是一个“整数”，每个学生的姓名是一串“文本”，每个学生的性别是一个“单字”。这些“整数”“文本”“单字”是所谓的数据类型。数据类型确定了数据值的表示范围以及可以进行什么样的运算。“整数”型的数据一定表示的是整数，既然是整数，那么自然可以进行加减乘除四则运算，例如 1+2=3。相应的，“文本”型的数据可以进行拼接，例如“我是”和“中学生”可以拼接成“我是中学生”，但是不能进行四则运算。

在不同的软件和编程语言中都会对数据类型进行明确分类。例如，在 Excel 中数据类型包含“常规”“数值”“货币”“日期”“时间”“文本”等，在 Python 编程语言中包含“数值”“字符串”“列表”“元组”“集合”“字典”以及一些扩展库带的数据类型，如图 3-5 所示。值得注意的是，在计算机专业书籍中，会对数据类型有更细致的分类，像整型（integar）、长整型（long）、浮点型（float）、双浮点型（double）等，每种数据类型同时也明确了二进制的存储位数，如果运算过程中超出存储位数，就可能产生错误的结果，称之为溢出。

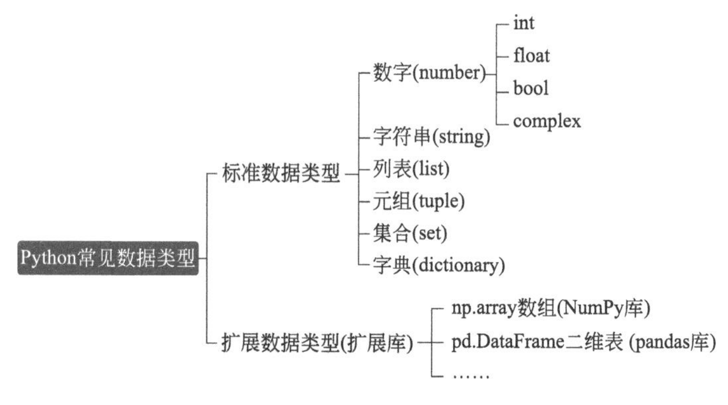

图 3-5　Python 常见数据类型

对于具体软件和编程语言，数据类型的分类细节对绝大部分非计算机专业的人来说意义并不大。随着软件和编程语言的发展，由于对数据类型的不熟悉而导致的人为错误会逐渐被软件和程序本身想办法回避，而非一直刻意强调人为注意。在处理数据时只要记住一点即可：只有相同数据类型的数据之间能够进行运算。当不同类型的数据进行运算时，需要想办法利用软件或者编程语言提供的命令转换成相同类型的数据，例如在 Python 中将一个整型变量 A 转成浮点型变量 A，只需要使用 float(A) 或者 A.astype(float) 命令即可。在“二维表”的数据存储和表示方式中，同一列的数据，由于是同一个变量的不同取值，所以一般情况下都具有相同的数据类型，可以放心地进行运算。

最后，进行简单总结。在现实中最常见的数据存储和表示方式是二维表，二维表一般包含“横向”和“纵向”两个维度的信息。当“横向”读取二维表时，可以得到一个样本；当“纵向”读取二维表时，可以得到一个变量或者属性在所有样本上的取值。对于二维表中的每一个数据，除了要注意数据的值外，还要注意每个

数据对应的数据类型，只有相同数据类型的数据之间可以进行运算。二维表某一列中的所有数据因为是同一个变量的不同取值，所以一般属于相同的数据类型，可以直接进行运算。

3.2.2　二维表的基本操作

对于一个二维表，最常见的操作自然是读取一行或者一列数据，然后进行后续操作，例如读取一列中的最大值。基于表 3-3，用几个案例来展现如何实现二维表的基本操作。

·案例 5：找到表 3-3 中所有学生身高的最大值

当二维表的格式为 .csv 文件时，可以直接通过 Excel 软件查看二维表，在身高这一列最下方输入 Excel 自带的找最大值命令“=MAX(区域)”，然后选中身高这一列对应有值的区域（F2：F21），如图 3-6 所示，按下回车后就可以得到身高的最大值为“180”。

=MAX(F2:F21)

D	E	F	G	H
性别	年龄	身高cm	体重kg	成绩
男	15	171	56	265
女	15	175	55	277
男	14	160	54	250
男	13	171	57	269
女	15	178	62	261
女	13	180	65	271
男	14	158	52	267
男	14	173	49	269
女	13	156	59	274
男	14	159	61	263
男	15	155	64	257
女	13	169	50	265
男	15	152	46	266
女	14	174	61	258
男	15	164	65	264
女	13	165	56	280
男	14	170	58	255
女	15	154	65	271
女	13	171	62	268
女	15	161	48	259
		=MAX(F2:F21)		

图 3-6　在 Excel 中找到身高的最大值

Excel 中内置了很多命令，例如求和“SUM”、求平均值“AVERAGE”等。然而，没有必要刻意去记这些命令，当需要用时，直接在网上搜索对应的功能在 Excel 的命令即可。

当然，除了在 Excel 中进行数据处理，也可以将数据读取到 Python 编程语言中进行处理。这时，需要用到 Python 中专门负责读写数据的库：pandas 库。

使用 pandas 库读取数据代码如下：

```
import pandas as pd  # 将 pandas 库导入 Python
# 从“某班级学生信息表 .csv”这个文件读取数据
data = pd.read_csv(" 某班级学生信息表 .csv")
data.head(5)       # 显示数据前 5 行
```

结果如图 3-7 所示。

	序号	姓名	学号	性别	年龄	身高cm	体重kg	成绩
0	1	张一	1900001	男	15	171	56	265
1	2	张二	1900002	女	15	175	55	277
2	3	张三	1900003	男	14	160	54	250
3	4	张四	1900004	男	13	171	57	269
4	5	张五	1900005	女	15	178	62	261

图 3-7　前 5 行学生信息

然后选择身高那一列，并找到身高的最大值，其对应的 Python 代码如下：

```
#pandas 读取变量名为 " 身高 cm" 的列
height = data[' 身高 cm']
# 将 pandas 的 DataFrame 格式转为 list 后就可以进行运算
height = height.values
# 读取 height 这个 list 中的最大值
max_height = max(height)
print(max_height)  # 打印身高的最大值
```

输出结果如下:

```
180
```

即 180 为身高的最大值。

同理，还可以计算身高的平均值，例如在 Python 中的其中一种实现方式如下:

```
import numpy as np  #将 numpy 库导入 Python
ave_height = np.mean(height)  #使用 numpy 库计算平均值
print(ave_height)  #打印身高的平均值
```

结果显示如下:

```
165.8
```

这里使用的 NumPy 库是 Python 中常用的数值运算库，内置了绝大部分常用的数学函数，例如求平均值、方差及对数函数、指数函数、三角函数等。需要强调的是，NumPy 库包含了哪些函数没有必要刻意去记忆，只需要在使用的时候去搜索即可，例如检索“如何用 Python 计算数据的平均值”。当代码写多了之后，自然就会对哪些库拥有哪些函数非常熟悉。

相比之下，学习数学函数的具体含义和性质，并且根据具体问题灵活运用是更为重要的。例如:求身高最大值的案例，除了可以直接调用 max 函数，也可以根据最大值的“含义”进行思考。什么是一组数的最大值?就是先将这些数从小到大排序，然后取出最后一个数，所以就可以用 Python 先排序，然后再打印:

```
height.sort()    #将身高按照从小到大排序
print(height[-1])    #将身高最后一个数取出并打印
```

```
180
```

同理，什么是平均值？除了直接调用平均值的函数，通过学习数学，我们还知道 n 个数的平均值的运算公式为 $\frac{a_1+a_2+\cdots+a_n}{n}$，即先将这 n 个数求和后再除以 n。

```
ave_height = sum(height)/len(height)  # 求和后除以元素个数
print(ave_height)
```

结果显示如下：

```
165.8
```

通过案例 5 可以发现，解决一个问题的方法未必是唯一的，当能够灵活运用数学知识时，就可以找到一个解决问题的途径，然后使用计算机工具按照自己设计的途径去实现求解。

· **案例 6：计算所有女生的平均成绩**

在案例 5 中，已经简单介绍了如何求解平均值。在案例 6 中，只需要在计算平均值之前筛选出所有女生即可。在 Excel 中可以直接使用“筛选”命令选出所有女生样本后，再求平均值。

如果使用 Python 完成全部过程，则需要先把所有女生筛选出来，然后再计算平均值：

```
data = pd.read_csv("某班级学生信息表.csv", header = 0,
index_col = 0)  #读取数据
data = data[data['性别']=='女']  #筛选出所有女生,即性别为女的样本
score = data['成绩']  #提取成绩列
print(np.mean(score))  #打印成绩的平均值
```

结果显示如下：

```
268.4
```

这段代码执行后，女生成绩的平均值输出为 268.4。值得一提，笔者在写这段代码时，也不能十分确定这段代码的第二行能够实现筛选功能，这时候笔者产生的想法是“挑选出 data 中的‘性别’这一列中所有为女的样本”，而后，笔者将这段自然语言凭感觉翻译成了笔者认为正确的代码，然后输出，发现确实可以实现筛选功能。这种“连蒙带猜”的做法对于非计算机专业的人解决问题同样是值得提倡的，然而不同人在此事情上观点未必一致：对于不知道代码怎么写，但是按照自然语言逻辑已经通顺的方法，可以先按照语言习惯猜测代码应该怎么写，再验证正确与否。如果错误，再根据报错检索代码应该如何修改即可。

这种做法会越来越提倡。随着编程语言的发展和进化，代码书写习惯也会越来越接近各种自然语言。例如 Python3.7 之后的版本，已经可以支持中文定义变量。相信在不久的将来，所有人都可以使用自然语言进行编程。

在一开始接触数据的时候，建议从简单的二维表的结构去理解数据，明确数据集的一个样本、样本的唯一标识序号、每一个样本拥有哪些变量、这些变量的变量名在哪里列举（表头）。对于结构更加复杂的数据，例如涵盖多种样本和多层结构的数据库，建议在掌握一定的数据处理基本方法并经过一些简单的项目实践后再尝试处理。

3.3 如何清洗数据

什么是清洗数据？现实世界的数据一般是不完整的、缺失的甚至是有错误的。造成这种情况的原因多种多样，例如：出于保护个人隐私的目的，部分数据忘记记录或者录入时错误，数据迁移时的格式不匹配等，这些都会使得在分析数据时，最开始拿到的数据和真实的数据有出入。这时候，就需要先将数据进行前期处理，保证数据在后期进行分析时，不会因为个别数据出现问题。

3.3.1 数据的格式化与结构化

在前面简单介绍过数据格式的概念。数据在计算机中存储时，除了包含内容，也需要指明确定的格式，例如文本、数字、日期、数组等，而数字也会进一步细分成整型、浮点型、bool（布尔）型等。一个最基本的常识是：不同格式的数据之间是不能进行运算的。所以在进行数据分析之前，需要保证二维表中同一列的数据格式一致，即对数据进行格式化。

表 3-4 是一个格式化之前的学生信息表。以“学期一成绩”那一列为例，有的成绩是用汉字“五十五”表示的；有的是用文本格式类型存储的数字“84”，即虽然看上去是数字“84”，实际上在计算机看来是一个字符串；有一些是纯数字，例如 74、94 和 77。这些“看上去都是数字”的数放在一起是没有办法进行运算的，需要预先把所有的数字都统一成数字格式。即需要将“五十五”改成数字格式的 55，将文本格式的“84”改成数字格式的 84。这种问题在数据录入的时候非常常见。对于数据思维较为薄弱的人来说，在意识上会认为字符串“84”、汉字“八十四”、数字格式的 84 是同一个东西，所以在录入时可能会随意选取格式。类似地，在最后一列“学期二成绩”列中，一部分数据是整数，一部分数据是浮点数，在运算时也可能会产生错误，甚至无法进行运算。

同时，有些人录入数据时，不会阅读数据集对应的“数据格式规范”之类的文档，这会导致一些由于“录入习惯”产生的录入错误。例如，在“学习时间”那一列，会在录入“5”之后加一个逗号“,”，这时候计算机是没有办法进行运算的，在进行数据分析

之前需要先将“5”之后的“,”去掉。

表 3-4　格式化和结构化之前的学生信息表

index	学生姓名	性别	学习时间	学期一成绩	学期二成绩
1	张一	男	5	五十五	36.0
2	张二	女	4	74	93.0
3	三·张	男	360	94	89.0
4	张四	男	4	77	7.5
5	张五	女	5	84	69
6	张六	男	5,	93	71
7	张七	男	89	64	6
8	张八	女	8	93	
9	张九	男	1	51	46
10	张十	女	3	71	52

除了数据格式化的问题，数据有时候也会出现结构混乱的问题，例如在表 3-4 中，每一行的数据默认都是按照“{index, 学生姓名，性别，学习时间，学期一成绩，学期二成绩 }”这个顺序去录入变量值的，但是第 8 行明显没有按照这个顺序录入数据，而是把“学习时间”的数值“6”放在了最后，所以需要把“张七”的“学期二成绩”中的“6”调整到“学习时间”列。但是，无法鉴别“89”和“64”到底哪个是“学期一成绩”，哪个是“学期二成绩”，这时候有两种选择：一是默认录入者的输入习惯为排在前面的为更靠前学期的成绩，即“学期一成绩”是 89，“学期二成绩”是 64；二是直接删掉张七的数据，不进行分析。由于有时候数据的来源不一定是同一个录入者，每一个录入者录入变量的顺序未必一致，当面临来自不同录入者录入的多个二维表进行合并的情况时，结构化问题会经常出现。所以首先要先对数据进行结构化处理，保证每一列的数据都能对应上。

3.3.2 缺失值与异常值

无论什么样的数据集，一开始拿到手时都会有各式各样的错误，这些错误可能会导致在后期进行数据分析时得到偏差较大的错误结论。所以，需要对数据进行清洗，将数据进行格式化和结构化；同时，还需要处理其中的缺失值和异常值。

将表3-4进行格式化和结构化处理之后，得到的结果见表3-5。但这个表格中明显还是有一些在内容上不正确的地方，这就是缺失值和异常值，需要在数据分析之前进行处理。

表3-5 格式化和结构化之后的学生信息表

index	学生姓名	性别	学习时间	学期一成绩	学期二成绩
1	张一	男	5	55	36
2	张二	女	4	74	93
3	张三	男	360	94	89
4	张四	男	4	77	7.5
5	张五	女	5	84	69
6	张六	男	5	93	71
7	张七	男	6	89	64
8	张八	女	8	93	
9	张九	男	1	51	46
10	张十	女	3	71	52

缺失值是真实数据中必然会遇到的问题。由于各种原因，有些变量在某些样本上的值是缺失的，例如表3-5中“张八”的“学期二成绩”就没有录入。有时候，计算机会把缺失的值自动填入数字0。一旦这样操作，就相当于在计算平均成绩时原来应该除以9，但是实际却除以10，使得分析出来的结论偏离真实情况。所以需要在进行数据分析前，处理缺失值。处理的方式主要有以下几种：

① 直接删除具有缺失值变量的样本。例如，在表 3-5 中，可以直接把“张八”这一行删掉，这样做的前提是数据量足够大，或者对于“张八”这个样本不需要进行个体分析。

② 人工追溯数据源。这种方法需要直接查询“张八”“学期二成绩”最原始的记录值，实施成本非常高，基本不具有普遍性。

③ 以相关数据作为参考来“猜测”缺失值。由于“张八”的“学期一成绩”为 93 分，在整体样本中属于非常高的，所以可以猜测“张八”在学期二也很可能会考得比较高，例如 88。或者找一个在学期一考 93 左右的学生样本作为参考，例如“张三”和“张六”，来填补“张八”的学期二成绩。例如，把“张三”和“张六”的学期二成绩取平均值作为“张八”的成绩，80。当然，也可以用所有学生学期二的平均值，作为“张八”的成绩。这种“猜测”式的填补一般具有主观臆断性，有时候会破坏数据的真实性，需要慎重使用。

处理缺失值的方法有很多，这里只提供了几种在实际数据处理中最常用的方法。对于最后一种方法，要在科学实验中尽量回避，不然会涉及数据造假等伦理风险。

异常值是另一类在数据清洗中需要考虑的问题。之所以叫异常值，说明这个数据相对于其他数据来说，不在合理的取值范围（区间）内。所以，在绝大多数情况下，异常值的辨别也非常容易，有时候可以使用计算机帮助筛选出异常值。例如在表 3-5 中，“学习时间”那一列的数据明显是以“时”为单位的，所以区间可以限定在 [0,24] 之间。但是张三的“学习时间”已经到达了 360，所以很明显，张三的学习时间的记录是异常的。另外，“学期二成绩”一般情况下是两位数，个位数的成绩需要再次核实是否是因为漏输入了成绩的十位数造成的。例如“张四”的成绩是 7.5，需要核实是否真的就是这么低。

异常值也是在数据分析前必须处理的。假如不处理异常值，可能会因为一个异常值造成整个数据分析结果严重偏离真实情况，例如想要计算学生的平均学习时间，由于“张三”的“360”这个异常值的存在，平均学习时间甚至已经超过了 24，这显然是不合理的。所以，在进行数据分析前必须要处理异常值。

异常值的处理与缺失值的处理有一定的区别。一般情况下，可以猜测出产生异常的原因，例如“张三”的“学习时间”，可以主观猜测记录人是以“分钟”为单位进行记录的，所以可以将 360 修正为 6。而“张四”的“学期二成绩”明显是多打了一个小数点，可以将 7.5 修正为 75。需要注意，这样修正只是源于猜测，也存在破坏数据真实性的风险。最保险的做法，一定还是直接删除异常值涉及的样本数据。

在处理完缺失值和异常值之后的数据见表 3-6。此时的数据基本上完成清洗工作，是一个可以用来进行运算和分析的数据集。

表 3-6　数据清洗之后的学生信息表

index	学生姓名	性别	学习时间	学期一成绩	学期二成绩
1	张一	男	5	55	36
2	张二	女	4	74	93
3	张三	男	6	94	89
4	张四	男	4	77	75
5	张五	女	5	84	69
6	张六	男	5	93	71
7	张七	男	6	89	64
8	张八	女	8	93	80
9	张九	男	1	51	46
10	张十	女	3	71	52

值得注意的是，在进行数据清洗时，一定要保留清洗的过程或者痕迹，并对原始数据进行备份。例如，建立一个文档记录删除了哪些数据，对哪些数据进行了修正等，这样可以方便后续使用数据集的其他人，追溯数据最原始的版本，即使在清洗过程中出现错误或者误删某些数据，也方便回溯到之前版本。

第4章
数据的描述与可视化

4.1 数据的集中、离中趋势

4.1.1 数据的集中趋势

在表3-3中，这种每一个样本值都是“随机抽取”出来的假设，显然会引起一些同学不服气，因为成绩明明是自己考出来的。所以在这种基本假设下，概率统计研究问题时从来不关注“个体”指标，而是关注“群体”指标，这些群体指标也被称为统计量。

如果采集了一组数据，应该如何分析呢？首先要解决的问题是，要利用一些统计量对这组数据进行描述。这部分内容主要涉及数据的集中程度、分布形态与离散程度。

看新闻的时候，经常会看到人均概念，比如说人均GDP，又或者是人均寿命等。把一组数据当中所有的数加总求和，再除以数据的个数，就得到了这组数据的样本平均值，以下简称均值。

均值的计算方式为

$$\bar{x}=\frac{\sum_{i=1}^{n}x_i}{n}$$

式中，x_1、x_2、x_3、…、x_n为数据中n个样本的取值；$\bar{x}$表示均值。

均值代表了数据的一种集中程度，也就是这个数值能够反映一组数据的情况。尽管均值使用非常方便，然而它也存在弊端。

假如有三家公司，它们的员工平均月薪都是8000元，乍一听可能去任何一家公司就职都差不多，但是如果能够拿到更为详细的数据，那么你肯定会改变当初的想法。将这三家公司不同岗位的工资用图表示出来，如图4-1所示，你会选择哪家公司呢？

A公司应该属于“稳健升迁”型公司，不同的职位工资逐渐上升; B 公司则属于“大锅饭”公司，无论什么职位工资都一样; C 公司则属于“一夜暴富”型公司，某种职位和其他职位之间的差异悬殊。那些想“躺平”的人，也许觉得 B 公司是他们的选择，而那些野心勃勃的人，则会更想冒险去 C 公司。

尽管均值相同，但是不同公司却存在很大的差异，这说明仅仅使用均值来下结论，还是有缺陷。

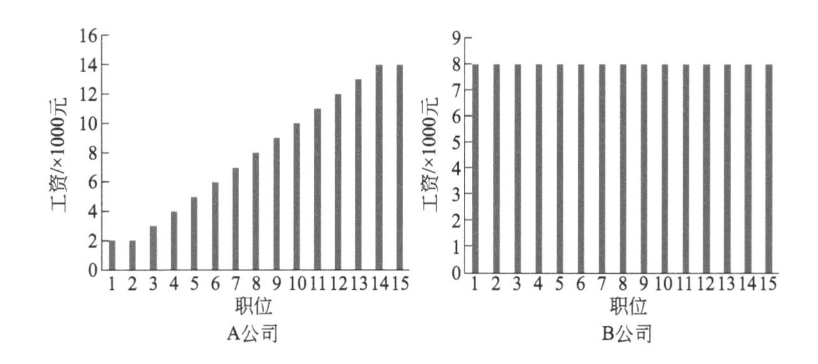

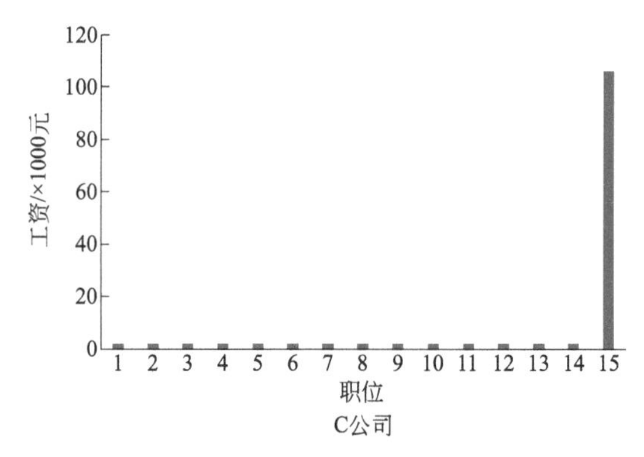

图 4-1　三家公司工资水平

其实，均值的片面性很早就被一些学者注意到了。美国经济学家、诺贝尔经济学奖得主保罗·克鲁格曼（Paul R. Krugman）曾经举了一个简单的例子，如果比尔·盖茨（Bill Gates）进了某普通

小酒吧后，再去统计酒吧内的人均收入，该数值就会陡升，但是酒吧里原来顾客的收入并没有得到任何改善。因此，也有不少人利用一些统计上的数字误导大众，这方面的书籍较多，像《统计数字会撒谎》这本书属于早期经典的书籍之一，感兴趣的读者不妨一读，增强自身的数据防范意识。

除了均值，中位数（median）也是对数据集中趋势的一种反映。为了找到一组数据的中位数，需要对这组数据先进行排序，从大到小或者从小到大都可以。如果这组数据的个数为奇数，此时的中位数就是排在中间的那个数；如果数据个数是偶数，那么就用排在中间两个数的平均数作这组数据的中位数。平均数与中位数很多情况下反映出的“平均”大小并不相同。

中位数的计算方式为：

$$Q_{\frac{1}{2}}(x)=\begin{cases} x'_{\frac{n+1}{2}}, & n\text{为奇数} \\ \frac{1}{2}\left(x'_{\frac{n}{2}}+x'_{\frac{n}{2}+1}\right), & n\text{为偶数} \end{cases}$$

式中，x'_1、x'_2、…、x'_n 表示一组实数数据 x_1、x_2、…、x_n 经从小到大的排列后形成的数据。

在衡量集中程度上，还有一个指标，就是众数（mode）。众数就是一组数据中出现次数最多的数值。在一组数据中，众数可以是一个，也可以是多个，甚至是没有众数，比如“1，2，3，4，5”这组数就没有众数。众数这个概念往往在定性数据的表达中使用更多。

在求上述均值、中位数以及众数这些指标前，先随机生成一组整数：

```
import numpy as np
data = np.random.randint(60,100, size = 20)  # 返回(60,100)
内的 20 个随机整数
data
```

结果显示：

```
array([81, 92, 82, 81, 88, 60, 97, 82, 68, 90, 62, 83,
86, 69, 89, 90, 97, 92, 95, 86])
```

下面的代码给出如何求出一组数据的均值、中位数以及众数，值得注意的是，NumPy 库中没有直接求众数的函数，需要调用其他库：

```
print(" 均值 :",np.mean(data))
print(" 中位数 :",np.median(data))
from scipy import stats
print(" 众数 :",stats.mode(data))
```

结果显示：

```
均值:  83.5
中位数:  86.0
众数:  ModeResult(mode=array([81]), count=array([2]))
```

从结果可以看到，该组数据的均值为 83.5，中位数为 86，众数为 81 且个数为 2。从结果可以看到，调用 Scipy 库尽管可以求出数据的众数，但是当数据存在多个众数时，无法给出其他众数。读者可以尝试找出其他众数，也可以利用众数的定义编写函数，求出数据中的多个众数。

除了上述的几个常用的统计量，四分位数（quartile）与百分位数 (percentile) 也是十分重要的概念。首先均要先将一组数据从小

到大排序，如果将数据分为四等份，那么位于三个分割点位置的数值就是四分位数。

四分位数有三个，即第一四分位数、第二四分位数（中位数）与第三四分位数，分别用 Q_1、Q_2、Q_3 表示。第三四分位数与第一四分位数的差距称四分位距（inter quartile range, 缩写为 IQR）。

如果计算相应的累计百分点，则某百分点所对应数据的值，就称为这百分点的百分位数。以 P_k 表示第 k 个百分位数，则表示有 k% 的数值小于或等于该数，显然有 $P_{25}=Q_1$，$P_{50}=Q_2$，$P_{75}=Q_3$。

计算百分位数的代码如下：

```
import numpy as np
s = np.arange(1,101)  # 生成从 1 到 100 的数值
np.percentile(s, [25,50,75])   # 计算第一、第二与第三四分位数
```

结果显示：

```
array([25.75, 50.5, 75.25])
```

4.1.2　数据的离中趋势

前文中对均值、中位数和众数等反映集中趋势的指标进行了说明。有集中就有离中，以下的内容将聚焦在数据离中趋势的讨论上。

首先介绍极差 (range) 的概念，极差也叫全距，是一组数据中最大值与最小值之差。虽然极差计算简单，有时也很有参考价值，但是仅看极差，也会出现问题。考虑下面两组数据：

A: 10 100 100 100 100 100 100 100

B: 100 101 102 103 104 105 106 107

数据 A 的极差是 90，数据 B 的极差是 7。从指标上看数据 A

的极差更大，B 的极差要小很多。但是实际上在数据 A 中，出现了异常值 10，如果去掉这个异常值，那么数据 A 的极差为 0。

在给选手评分时，经常会听到：“去掉一个最高分，去掉一个最低分，选手的最后得分……”，其目的就是防止受到两端异常值的影响。

为了体现数据的分散趋势，一般通过计算数值中某个变量的标准差（standard deviation）或者方差（variance）来描述各个数据距离均值的偏离程度，后者是前者数值上的平方。方差是衡量离散程度的指标，方差越小，则代表这组数据越接近均值，数据就越稳定，否则就越不稳定。

标准差 σ 的计算公式为：

$$\sigma=\sqrt{\frac{\sum_{i=1}^{n}(x_i-\mu)^2}{n}}$$

方差 σ^2 的计算公式为：

$$\sigma^2=\frac{\sum_{i=1}^{n}(x_i-\mu)^2}{n}$$

标准差和方差越大，表示数据整体偏离均值的程度越大。

前面说的那三家公司，如果用均值来看，其均值都是 8000 元，可以利用 Python 求出它们各自的方差，代码如下：

```
import numpy as np
Com_a = [2,2,3,4,5,6,7,8,9,10,11,12,13,14,14]
Com_b = [8,8,8,8,8,8,8,8,8,8,8,8,8,8,8]
Com_c = [2,2,2,2,2,2,2,2,2,2,2,2,2,2,92]
print("A 公司工资的方差为: ", np.var(Com_a))
print("B 公司工资的方差为: ", np.var(Com_b))
print("C 公司工资的方差为: ", np.var(Com_c))
```

结果如下:

```
A 公司工资的方差为:  16.933333333333334
B 公司工资的方差为:  0.0
C 公司工资的方差为:  504.0
```

如上所示，A 公司的方差值是 16.9; B 公司的方差值是 0，代表没有差异; C 公司方差是 504。因此，C 公司的波动程度最大。由此可见，多用几个不同指标描述数据，就能更加精准地把这些数据背后隐含的含义提取出来，以更加了解事物的特征。标准差是方差的算术平方根，将上述代码中的“np.var”替换为“np.std”就可以求出标准差，这里不再赘述。

4.2 数据的变换

4.2.1 数据的无量纲化

很多情况下，需要将数据进行一些变换以满足特定的需求。考虑到一些变量由于量纲的问题，数值差异较大，会严重影响训练的结果，因此需要将数据进行归一化处理。

此外，在进行一些人工智能模型分析的时候，将数据进行归一化处理能够加快模型的收敛速度，从而大大节省模型训练的时间。

这里以鸢尾花数据为例，输入如下代码导入数据:

```
import pandas as pd
data = pd.read_csv('iris.csv')
data
```

结果显示:

	sepal_length	sepal_width	petal_length	petal_width	species
0	5.1	3.5	1.4	0.2	setosa
1	4.9	3.0	1.4	0.2	setosa
2	4.7	3.2	1.3	0.2	setosa
3	4.6	3.1	1.5	0.2	setosa
4	5.0	3.6	1.4	0.2	setosa
...	...	...	...	...	...
145	6.7	3.0	5.2	2.3	virginica
146	6.3	2.5	5.0	1.9	virginica
147	6.5	3.0	5.2	2.0	virginica
148	6.2	3.4	5.4	2.3	virginica
149	5.9	3.0	5.1	1.8	virginica

150 rows × 5 columns

通过如下命令，可以很方便地对数据各变量进行描述、统计与分析，以鸢尾花的 4 个特征为例，代码如下：

```
data.iloc[:,:4].describe()
```

结果显示：

	sepal_length	sepal_width	petal_length	petal_width
count	150.000000	150.000000	150.000000	150.000000
mean	5.843333	3.057333	3.758000	1.199333
std	0.828066	0.435866	1.765298	0.762238
min	4.300000	2.000000	1.000000	0.100000
25%	5.100000	2.800000	1.600000	0.300000
50%	5.800000	3.000000	4.350000	1.300000
75%	6.400000	3.300000	5.100000	1.800000
max	7.900000	4.400000	6.900000	2.500000

上面的结果中依次给出了各特征的样本数、均值、标准差、

最小值、四分位数以及最大值，这些统计量可以让人们更加详细地了解数据的一些特征。

标准化，也称零 - 均值规范化（z-score 标准化），通过求标准分数的方法，将数据进行转换，公式为：

$$x^{*}=\frac{x-\bar{x}}{\sigma}$$

式中，x^{*} 表示转化后的数据；x 为原始数据；$\bar{x}$ 为该组数据的均值；σ 为数据的标准差。

利用 Python，可以很方便地将原数据进行标准化转换：

```
StandScaler = (Xdata - Xdata.mean(axis=0))/Xdata.
std(axis=0)
StandScaler
```

结果显示：

	sepal_length	sepal_width	petal_length	petal_width
0	-0.897674	1.015602	-1.335752	-1.311052
1	-1.139200	-0.131539	-1.335752	-1.311052
2	-1.380727	0.327318	-1.392399	-1.311052
3	-1.501490	0.097889	-1.279104	-1.311052
4	-1.018437	1.245030	-1.335752	-1.311052
...	...	...	...	...
145	1.034539	-0.131539	0.816859	1.443994
146	0.551486	-1.278680	0.703564	0.919223
147	0.793012	-0.131539	0.816859	1.050416
148	0.430722	0.786174	0.930154	1.443994
149	0.068433	-0.131539	0.760211	0.788031

150 rows × 4 columns

除了标准化，利用区间缩放也能够对数据进行转化，以最小 -

最大规范化（利用数据的最小值与最大值）为例，公式如下：

$$x^{*}=\frac{x-x_{\min}}{x_{\max}-x_{\min}}$$

式中，x^{*} 表示转化后的数据；x 为原始数据；$x_{\min}$ 为该数据的最小值；$x_{\max}$ 为数据的最大值。

通过以下代码可以实现最小 - 最大规范化：

```
MinMaxScaler = (Xdata - Xdata.min(axis=0))/(Xdata.
max(axis=0) - Xdata.min(axis=0))
MinMaxScaler
```

结果显示：

	sepal_length	sepal_width	petal_length	petal_width
0	0.222222	0.625000	0.067797	0.041667
1	0.166667	0.416667	0.067797	0.041667
2	0.111111	0.500000	0.050847	0.041667
3	0.083333	0.458333	0.084746	0.041667
4	0.194444	0.666667	0.067797	0.041667
...	...	...	...	...
145	0.666667	0.416667	0.711864	0.916667
146	0.555556	0.208333	0.677966	0.750000
147	0.611111	0.416667	0.711864	0.791667
148	0.527778	0.583333	0.745763	0.916667
149	0.444444	0.416667	0.694915	0.708333

150 rows × 4 columns

4.2.2 连续型变量的变换

有时对连续数据进行离散化可以剔除一些异常值对数据分析的影响。在一些领域，比如动态规划，也常常将连续值进行离散化处理。数据的离散化通常分为等距离散和等频离散两类。

等距离散是将数据从最小值到最大值均分为 n 等份，每一份的间距是相等的，但是每个间距中包含的数据个数可能不相等。在这种划分方式下，区间越多，则越与原数据趋于一致。

```
# 使用 cut 进行等距离散化，这里设置区间数为 5
data['sepal_length_bins'] = pd.cut(data['sepal_length'],
5,labels=False)
data
```

结果显示如下：

	sepal_length	sepal_width	petal_length	petal_width	species	sepal_length_bins
0	5.1	3.5	1.4	0.2	0	1
1	4.9	3.0	1.4	0.2	0	0
2	4.7	3.2	1.3	0.2	0	0
3	4.6	3.1	1.5	0.2	0	0
4	5.0	3.6	1.4	0.2	0	0
...	...	...	...	...	...	...
145	6.7	3.0	5.2	2.3	2	3
146	6.3	2.5	5.0	1.9	2	2
147	6.5	3.0	5.2	2.0	2	3
148	6.2	3.4	5.4	2.3	2	2
149	5.9	3.0	5.1	1.8	2	2

150 rows × 6 columns

等频离散通过选择较为合适的区间边界值，使得每个区间包含的样本数量（大致）相等。代码如下：

```
# 使用 qcut 进行等频离散化
data['sepal_length_bins2'] = pd.qcut(data['sepal_length'],
5,labels=False)
data
```

5 个区间中每个区间约为 30 个数据，结果显示如下：

	sepal_length	sepal_width	petal_length	petal_width	species	sepal_length_bins	sepal_length_bins2
0	5.1	3.5	1.4	0.2	0	1	1
1	4.9	3.0	1.4	0.2	0	0	0
2	4.7	3.2	1.3	0.2	0	0	0
3	4.6	3.1	1.5	0.2	0	0	0
4	5.0	3.6	1.4	0.2	0	0	0
...	...	...	...	...	...	...	...
145	6.7	3.0	5.2	2.3	2	3	4
146	6.3	2.5	5.0	1.9	2	2	3
147	6.5	3.0	5.2	2.0	2	3	3
148	6.2	3.4	5.4	2.3	2	2	3
149	5.9	3.0	5.1	1.8	2	2	2

从上述的结果中可以看出，等距（sepal_length_bins）与等频（sepal_length_bins2）处理后的结果并不相同，可以根据实际情况选择处理方式。

除了将连续变量离散化外，还可以对数据进行函数映射变换。比如在满足条件的情况下，将数据取对数或者开平方等。一些经济变量，在取了对数后会出现一些不错的特性，不但压缩了变量的尺度，使得数据更加平稳，数学处理上也变得相对简单。

通过下面的代码，可以将指定列的数据进行对数变换：

```
data['sepal_length_log'] = np.log(data['sepal_length'])
print(data)
```

结果如下：

	sepal_length	sepal_width	petal_length	petal_width	species	sepal_length_log
0	5.1	3.5	1.4	0.2	0	1.629241
1	4.9	3.0	1.4	0.2	0	1.589235
2	4.7	3.2	1.3	0.2	0	1.547563
3	4.6	3.1	1.5	0.2	0	1.526056
4	5.0	3.6	1.4	0.2	0	1.609438
...	...	...	...	...	...	...
145	6.7	3.0	5.2	2.3	2	1.902108
146	6.3	2.5	5.0	1.9	2	1.840550
147	6.5	3.0	5.2	2.0	2	1.871802
148	6.2	3.4	5.4	2.3	2	1.824549
149	5.9	3.0	5.1	1.8	2	1.774952

150 rows × 6 columns

4.2.3 类别特征的变换

鸢尾花数据的 species 变量中给出的是 setosa、virginica 等单词字符，通常这样的类别输出无法交给人工智能算法进行分析，还要将其转换成量化数值。一种方法是可以利用独热编码（one-hot encoding）将其进行变换。

独热编码是一种样本标签值的表示方式，当样本标签为离散分类变量时，可采用独热编码方式来表示，通常取值为 0 或 1。通过输入如下代码，可以将 species 下的 setosa、versicolor 和 virginica 分类进行量化表示。

```
pd.get_dummies(df['species'])
```

结果如下所示，可以看到，1、0、0 排列表示 setosa 类，0、1、0 则表示 versicolor 类，virginica 类用 0、0、1 表示。

	setosa	versicolor	virginica
0	1	0	0
1	1	0	0
2	1	0	0
3	1	0	0
4	1	0	0
...	...	...	...
145	0	0	1
146	0	0	1
147	0	0	1
148	0	0	1
149	0	0	1

150rows×3 columns

也可以将 species 下的 setosa、versicolor 和 virginica 分别赋值 0、1 和 2 完成类别的量化，代码如下：

```
import pandas as pd
data = pd.read_csv('iris.csv')
data.loc[data['species'] == 'setosa', 'species']=0
data.loc[data['species'] == 'versicolor', 'species']=1
data.loc[data['species'] == 'virginica', 'species']=2
print(data)
```

结果显示如下：

	sepal_length	sepal_width	petal_length	petal_width	species
0	5.1	3.5	1.4	0.2	0
1	4.9	3.0	1.4	0.2	0
2	4.7	3.2	1.3	0.2	0
3	4.6	3.1	1.5	0.2	0
4	5.0	3.6	1.4	0.2	0
...	...	...	...	...	...
145	6.7	3.0	5.2	2.3	2
146	6.3	2.5	5.0	1.9	2
147	6.5	3.0	5.2	2.0	2
148	6.2	3.4	5.4	2.3	2
149	5.9	3.0	5.1	1.8	2

150 rows × 5 columns

4.3 数据的可视化

4.3.1 科学绘图

尽管通过绘制图像可以直观地展现出数据中的信息，但是画图也是需要技巧的，不是随便画图就能展现出想要的信息。在基于给定数据画图时，需要知道什么类型的图能够展现出什么样的信息，然后根据需求进行科学绘图。同时，在信息时代，画图一般需要使用计算机工具，能够进行画图的计算机工具非常多，例如 Excel、R、SPSS、Stata 这样的数据分析软件中就内嵌了画

图工具，在 JavaScript 等前端语言中也有很多可视化工具，例如 plotly、echarts 等。

在本书中，为了让读者在学习完后能够将本书的内容更好地应用在后续的课程学习和生活中，笔者选择了目前在大学课程和科学研究中应用最广泛的 Python 语言，以及较为流行的 matplotlib 库作为载体，分享如何将数据可视化。

matplotlib 是一个 Python 的绘图库，开发者可以仅需要几行代码，便可以生成图，例如直方图、功率谱、条形图、散点图等，其官网提供了绘制相应图表所有的样例，只需要复制粘贴样例代码，把数据部分换成自己的数据就能灵活使用。

在 Python 中导入 matplotlib 中的平面画图库 pyplot 的方法是：

```
import matplotlib.pyplot as plt
```

也可以根据需求导入 matplotlib 的其他库，用于画图。

这里强调一点，matplotlib 库仅仅是数据可视化的一个实现途径，具体应该画什么类型的图才能呈现出想要的信息，还是得由自己来判断、选择和决定。所以，本小节将会简单介绍使用什么类型的图能够呈现什么样的信息。为了能够方便介绍各类图的特点，此处基于一个数据集作为样例进行说明，数据集为一个班级学生每天学习时间以及六个学期的考试成绩等，如表 4-1 所示。

表 4-1　某班学生信息

index	学生姓名	性别	学习时间	学期一	学期二	学期三	学期四	学期五	学期六
1	张一	男	3	55	36	68	45	25	47
2	张二	女	4	74	93	56	80	62	64

续表

index	学生姓名	性别	学习时间	学期一	学期二	学期三	学期四	学期五	学期六
3	张三	男	6	94	89	99	100	82	100
4	张四	男	4	77	75	74	96	55	63
5	张五	女	5	84	69	77	82	53	98
6	张六	男	5	93	71	100	100	81	100
7	张七	男	6	89	64	93	90	53	100
8	张八	女	8	93	86	74	83	68	100
9	张九	男	1	51	46	38	38	35	33
10	张十	女	3	71	52	54	59	56	83
11	张十一	男	2	30	19	21	11	13	38
12	张十二	女	5	83	58	89	87	70	85
13	张十三	女	5	93	84	100	98	73	85
14	张十四	女	3	74	94	79	75	54	62
15	张十五	男	6	95	94	79	95	68	90
16	张十六	女	6	83	84	95	83	72	95
17	张十七	男	4	62	62	49	74	40	80
18	张十八	女	9	99	100	84	77	69	100
19	张十九	男	6	78	61	94	95	51	100
20	张二十	女	5	89	100	70	72	65	95

· 案例 1：两个变量间关系——散点图

在不对数据进行任何定量处理之前，是否可以直观感受两个变量之间的关系呢？只需要将两个变量在各个样本上的值画在平面直角坐标系上即可，让一个变量作为横轴，另外一个变量作为纵轴。例如，可以将“学习时间”作为横轴，“学期一”的成绩作为纵轴，观察“学习时间”和“学期一”成绩是否有关系，代码如下：

```
data = pd.read_csv("学生信息.csv", header = 0, index_
col = 0)  #读取数据
X = data['学习时间']
y = data['学期一']
plt.plot(X, y,'r*')  #画出学习时间与学期一成绩的散点图
plt.xlabel("hours")  #对横轴名字进行标记
plt.ylabel("first semester scores")  #对纵轴名字进行标记
plt.show()
```

结果如下所示:

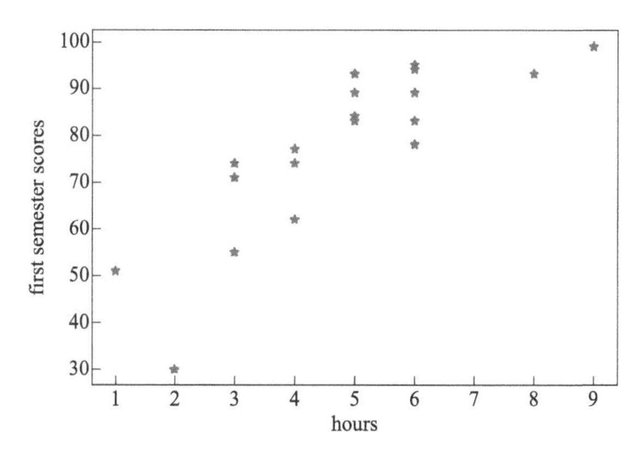

也可以把“学期一”的成绩作为横轴，“学期二”的成绩作为纵轴，观察学生在两次考试之间的成绩是否有相关性。代码如下:

```
data = pd.read_csv("学生信息.csv", header = 0, index_
col = 0)  #读取数据
X = data['学期一']
y = data['学期二']
plt.plot(X, y,'b^')  #画出学期一成绩与学期二成绩的散点图
plt.xlabel("first semester scores")  #对横轴名字进行标记
plt.ylabel("second semester scores")  #对纵轴名字进行标记
plt.show()
```

结果如下所示：

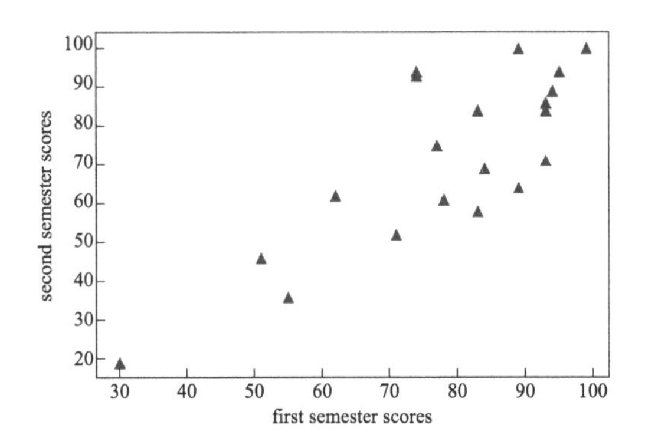

· **案例 2：变化趋势——折线图**

如果想观察一个学生在六个学期的成绩是如何变化的，需要绘制折线图，其中横坐标是学期编号，纵坐标分别对应着学生的成绩。如果想要观察多个学生在六个学期的成绩变化，由于不同学生的横坐标都是六个学期，所以可以画在同一张图上，使用不同的线型来区分出不同的学生。

```
data = pd.read_csv(" 学生信息 .csv", header = 0, index_
col = 0)  # 读取数据
X = data.columns.tolist()  # 读取表头，提取出学期标题行中
的六个学期的名字
X = X[3:9]
y1 = data.iloc[0].tolist()  # 提取张一同学的六次考试成绩
y1 = y1[3:9]
y2 = data.iloc[1].tolist()  # 提取张二同学的六次考试成绩
y2 = y2[3:9]
y3 = data.iloc[2].tolist()  # 提取张三同学的六次考试成绩
y3 = y3[3:9]
plt.plot(X, y1,'r-^')  # 画出张一数据
plt.plot(X, y2,'b-.*')  # 画出张二数据
```

```
plt.plot(X, y3,'k--o')  #画出张三数据
plt.xlabel("semester")
plt.ylabel("score")
plt.legend(["Zhang1","Zhang2","Zhang3"])
plt.show()
```

结果如下所示，将张一、张二、张三这三位同学的成绩可视化。

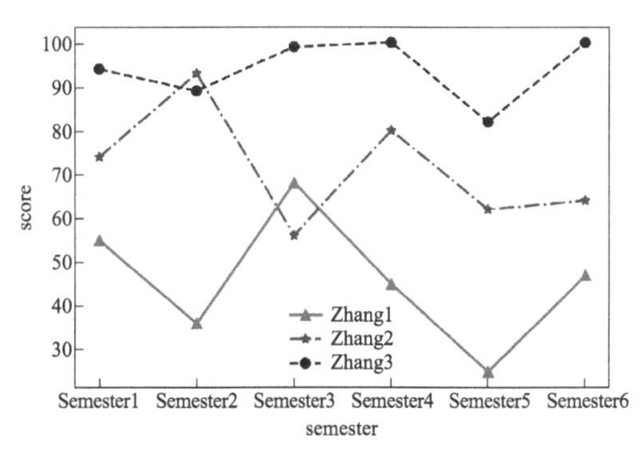

· **案例 3：分布——直方图（柱状图）和饼图**

如果想要看出来一次考试中学生们的成绩分布，就需要绘制成绩分布直方图（柱状图）或者饼图，这时候就得选择成绩的分界点。例如，在总分 100 分的考试中，人们一般比较关心不及格的人数，对于及格的学生，比较关心每 10 分一档的人数，所以按照 60 分以下一档，60 分以上每 10 分一档统计人数，可以绘制频数分布的直方图（柱状图），使用 Python 画直方（柱状）图的代码如下：

```
data = pd.read_csv(" 学生信息 .csv", header = 0, index_
col = 0)  #读取数据
y = data['Semester 3']  #提取学期三的人数
bins=[0,60,70,80,90,101]  #分数分界线
segments=pd.cut(y,bins,right=False)  #将数据按照分数分界
线进行分段
```

```
counts=pd.value_counts(segments,sort=False)  #统计各个分数段的人数
plt.bar(counts.index.astype(str),counts)  #绘制柱状图，横轴为区间，纵轴为该分段人数
plt.xlabel("third semester scores")
plt.ylabel("numbers")
plt.show()
```

结果如下所示：

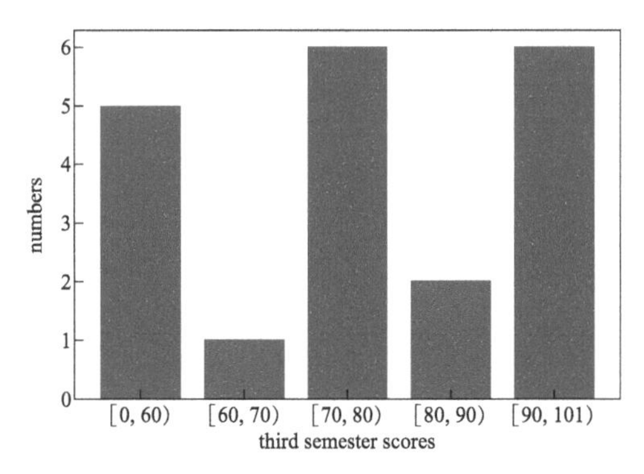

除了直方（柱状）图外，还可以使用饼图来展现各个分数段的占比，直观看出哪几个分数段的人数较多。使用 matplotlib 画饼图的代码如下：

```
data = pd.read_csv("学生信息.csv", header = 0, index_col = 0)  #读取数据
y = data['Semester 3']  #提取学期三的人数
bins=[0,60,70,80,90,101]  #分数分界线
segments=pd.cut(y,bins,right=False)  #将数据按照分数分界线进行分段
counts=pd.value_counts(segments,sort=False)  #统计各个分数段的人数
plt.pie(counts,labels=counts.index.astype(str),autopct='%3.1f%%')  #绘制饼图
```

```
plt.title("third semester scores")
plt.show()
```

结果如下所示：

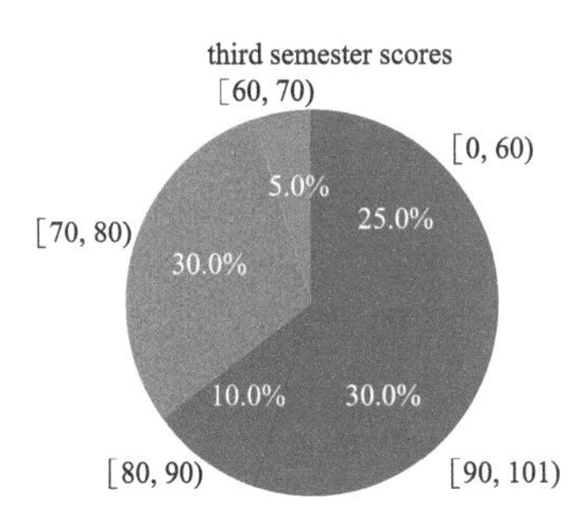

从结果可以看出，90 分以上的人数有 30%，有 25% 的学生没有及格。所以可以得到一个信息：这次考试的区分度非常大，但是两极分化也比较严重。

· 案例 4：均衡与否——雷达图

雷达图经常被用来衡量一个人或一件事物在不同方面的表现是否均衡。使用 Python 绘制雷达图的代码如下：

```
data = pd.read_csv(" 学生信息 .csv", header = 0, index_
col = 0)  # 读取数据
N = 6  #6 个学期
angles=np.linspace(0, 2*np.pi, N, endpoint=False)  # 设
置雷达图为一个圆面
angles=np.concatenate((angles,[angles[0]]))  # 保证闭合，
第一个元素需要补到最后一个后面
X = data.columns.tolist()  # 读取表头，提取出学期标题行中
的六个学期的名字
labels = X[3:9]
y1 = data.iloc[0].tolist()  # 提取张一同学的六次考试成绩
y1 = y1[3:9]
```

```
center1 = y1+[y1[0]]  # 为了保证曲线闭合，把第一个元素补到后面，形成 " 闭合 "
y3 = data.iloc[2].tolist()  # 提取张三同学的六次考试成绩
y3 = y3[3:9]
center3 = y3+[y3[0]]  # 为了保证曲线闭合，需要把第一个元素补到后面，形成 " 闭合 "
plt.axes(polar=True)  # polar = True 代表坐标是旋转一周的
plt.thetagrids(angles *180/np.pi,labels+[labels[0]])  # 绘制一圈的坐标
plt.plot(angles, center1,label = labels)  # 画图
plt.fill(angles, center1,alpha=0.25)  #alpha 表示透明度
plt.plot(angles, center3,label = labels)
plt.fill(angles, center3,alpha=0.25)  #alpha 表示透明度
plt.grid(True)  # 网格开启
plt.legend(['Zhang1','Zhang3'])  # 增加张一和张三的图例
```

结果显示：

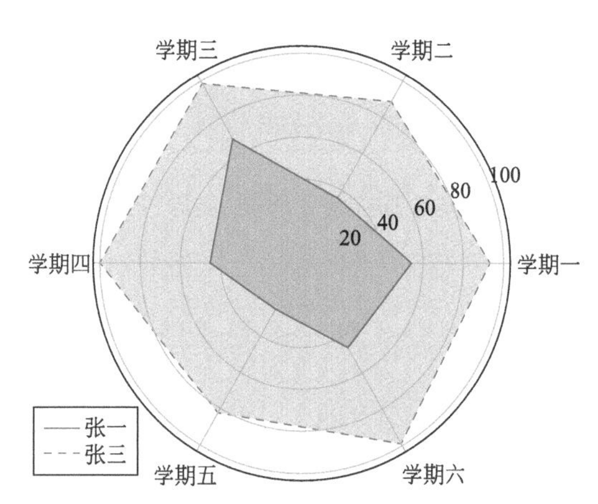

从结果可以看到，雷达图分别展现了张一同学和张三同学在六个学期的成绩表现。可以看出，张三的成绩相比于张一是更高的。同时也能看出，张一同学在学期三考得相对较好一些。如果将六个学期的成绩替换成“语文”“数学”“英语”“物理”“化学”“生

物”等，可以看出一个学生各科的均衡性。

以上展示了四种为了体现“相关性”“变化趋势”“分布”“均衡与否”等直观信息而绘制的图像，下面介绍两个可能在具体学科中会用到的“多彩”的图，用来体现不同的直观信息。

· 案例 5：矢量场图

在物理中，经常使用带有箭头的图来表示磁场和电场，例如磁场用 N 级指向 S 极，电场从负电荷指向正电荷。使用 Python 绘制矢量场图的代码如下：

```
import numpy as np
import matplotlib.pyplot as plt
X, Y = np.meshgrid(np.arange(0, 2 * np.pi, 0.3),
np.arange(0, 2 * np.pi, 0.3))  # 生成X、Y坐标
U = np.cos(X)  # 转为极坐标位置进行计算
V = np.sin(Y)  # 转为极坐标位置进行计算
fig, axe = plt.subplots()  # 开始画图
axe.set_title("magnetic field distribution")
M = np.hypot(U, V)  # 计算极坐标下的R(半径)
Q = axe.quiver(X, Y, U, V, M, pivot='tip', width =
0.005,scale=10)  # 绘制向量场
```

结果如下所示：

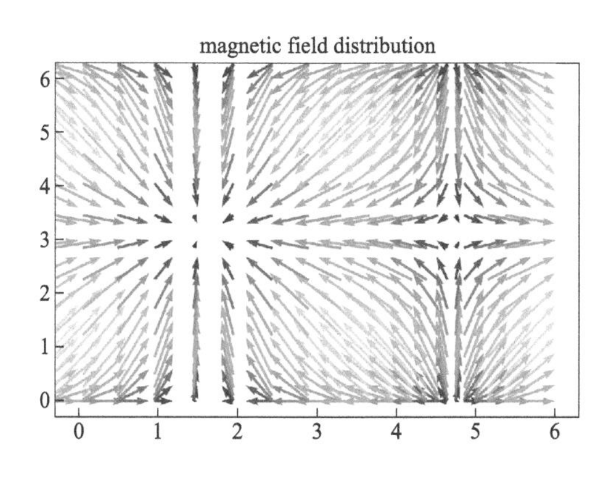

该结果就是物理学中常见的矢量场图的图例。

· 案例 6：3D 高度图与等高线图

在地理中，经常需要呈现地形，其中一种呈现地形的方法是直接使用立体模型，即绘制 3D 立体图。3D 立体图的优势是能够更加直观地呈现高度，但是相应的劣势是，当地形复杂的时候，3D 立体图呈现的信息与看图的角度有关，会有遮挡。为了更加清晰地呈现高度信息，在地理上使用等高线图描述高度的变化。

使用 Python 画 3D 高度图的代码如下：

```
import matplotlib.pyplot as plt
import numpy as np
ax = plt.figure().add_subplot(projection='3d')
x = np.arange(-2.0, 2.0, 0.02)
y = np.arange(-2.0, 2.0, 0.02)
X, Y = np.meshgrid(x, y)  # 生成坐标
Z = 3*np.exp(-X**2 -0.5*X*Y- Y**2)  # 计算高度值
ax.plot_surface(X, Y, Z)  # 绘制三维图
ax.set_title('hypsogram')
```

结果显示：

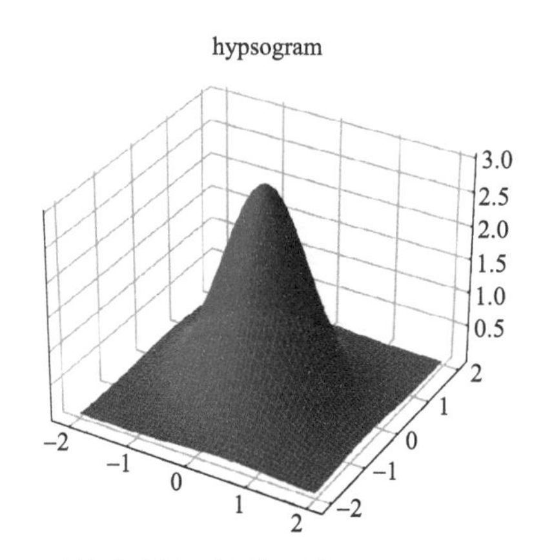

使用 Python 画等高线图的代码如下：

```
import numpy as np
import matplotlib.pyplot as plt
x = np.arange(-2.0, 2.0, 0.02)
y = np.arange(-2.0, 2.0, 0.02)
X, Y = np.meshgrid(x, y)  #生成坐标
Z = 300*np.exp(-X**2 -0.5*X*Y- Y**2)  #计算高度值
fig, ax = plt.subplots()   #绘制等高线图
contour = ax.contour(X, Y, Z)   #绘制等高线图
ax.clabel(contour, inline=True)  #标记海拔高度
ax.set_title('contour map')
```

结果显示如下：

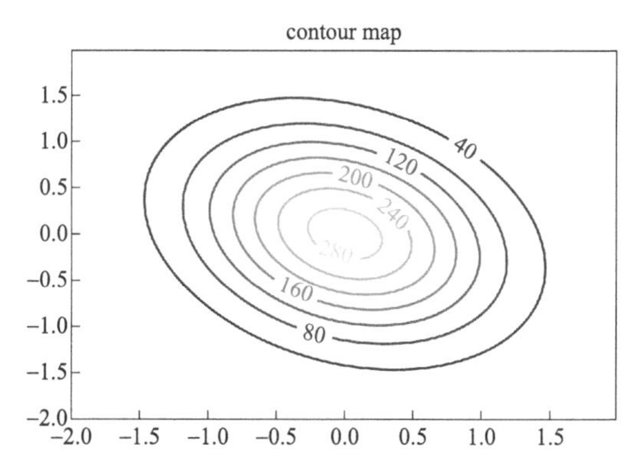

除了上面提到的若干种图形外，Python 的 matplotlib 库还内置了丰富多彩的图，并且在官网上提供了样例。读者没有必要去记忆绘制某种特殊图形的具体代码，只需要调用样例并且导入自己的数据即可。相比之下，有一点或许更重要，读者需要了解和掌握的是，要呈现什么样的信息应该选择哪种类型的图。例如呈现“相关性”可以使用散点图，体现“变化趋势”可以使用折线图，体现“分布”信息选择直方图或者饼图，体现“均衡与否”可以使用雷达图等。

只有了解各种图的特点和呈现信息上的优势，并在拿到数据

后选择恰当类型的图，才能直观看出想要的信息。

4.3.2 可视化的重要性

字不如表，表不如图，通常人脑对图像信息的处理比文本以及表格信息要快很多。数据可视化中简单的图形也能让不少复杂的信息清晰展现，因此，数据可视化对理解数据非常重要。

有人认为，在分析问题时可以通过对变量的一些描述统计量以及变量间的相关系数等指标进行研究，以掌握数据的规律。一般情况下这种做法没有问题，然而有时也存在着一些极端情况，如变量的统计指标甚至变量间的相关系数都是相同的，乍一看并无区别，然而从图形上观察会发现数据形态大相径庭。

爱德华·塔夫特（Edward Tufte）在其所著的《图表设计的现代主义革命》（*The Visual Display of Quantitative Information*）一书中的第一页中，就用安斯库姆四重奏（Anscombe's quartet）对绘制数据图表的重要性进行了说明[1]。

在数据分析中，仍然经常用安斯库姆四重奏来说明在开始数据分析时首先以图形方式观察一组数据的重要性，同时也说明了基本统计属性在描述真实数据集方面可能存在的不足。

统计学家弗朗西斯·安斯科姆（Francis Anscombe）于 1973 年构建了这些模型，以证明在分析数据时绘制图表的重要性，以及异常值和其他有影响力的观察结果对统计特性的影响，旨在反驳统计学家的一种印象，即“数字计算是准确的，但图表是粗糙的”[2]。

---

❶ Tufte E R. The Visual Display of Quantitative Information. 2nd ed. Cheshire: Graphics Press, 2001.

❷ Anscombe F J. Graphs in Statistical Analysis. American Statistician, 1973, 27 (1): 17–21.

安斯库姆四重奏包含了四个数据集，它们具有几乎相同的简单描述统计，但却有非常不同的分布，并且在图表上看起来非常不同。每个数据集由 11 对数据点组成，如表 4-2 数据集所示。值得注意的是，对于前三个数据集，x 值是相同的。

表 4-2　Anscombe 四重奏数据

Ⅰ		Ⅱ		Ⅲ		Ⅳ	
x	y	x	y	x	y	x	y
10	8.04	10	9.14	10	7.46	8	6.58
8	6.95	8	8.14	8	6.77	8	5.76
13	7.58	13	8.74	13	12.74	8	7.71
9	8.81	9	8.77	9	7.11	8	8.84
11	8.33	11	9.26	11	7.81	8	8.47
14	9.96	14	8.1	14	8.84	8	7.04
6	7.24	6	6.13	6	6.08	8	5.25
4	4.26	4	3.1	4	5.39	19	12.5
12	10.84	12	9.13	12	8.15	8	5.56
7	4.82	7	7.26	7	6.42	8	7.91
5	5.68	5	4.74	5	5.73	8	6.89

表 4-3 中给出了安斯科姆四重奏数据的一些统计特性，从中可以看出，四组数据中变量的平均数、方差、变量间的相关系数甚至线性回归的决定系数都是相同的。

表 4-3　安斯科姆四重奏数据统计特性

统计特性	数值	精确度
x 的平均数	9	—
x 的方差	11	—
y 的平均数	7.5	精确到小数点后一位
y 的方差	4.125	精确到小数点后三位

续表

统计特性	数值	精确度
x 与 y 之间的相关系数	0.816	± 0.003
线性回归线	y=3.00+0.500x	分别精确到小数点后两位和三位
线性回归的决定系数（R^2）	0.67	精确到小数点后两位

然而，将这四组数据可视化后，如图 4-2 所示，可以看出数据明显不同。

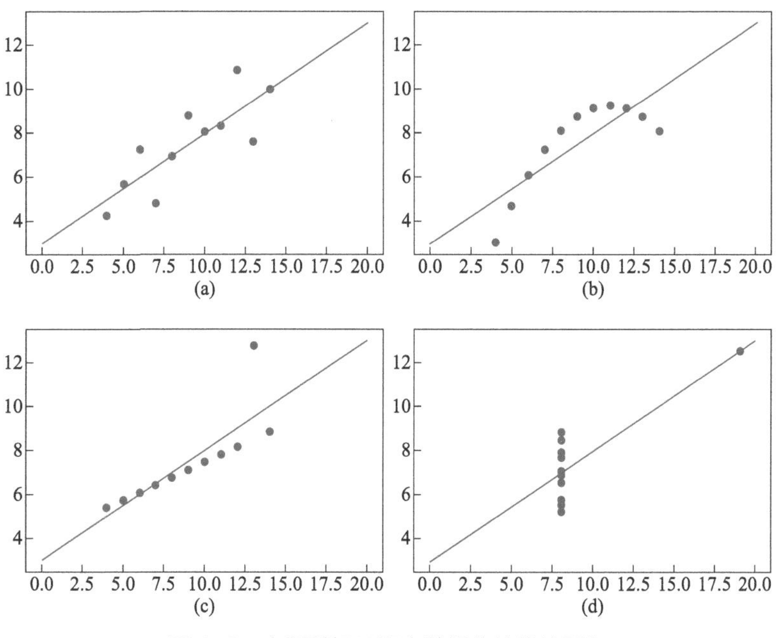

图 4-2　安斯科姆四重奏数据集的线性回归

散点图 4-2(a) 似乎是一个简单的线性关系，对应于两个相关的变量。图 4-2 (b) 中两个变量之间有明显的关系，但不是线性的。在图 4-2(c) 中，变量间关系是线性的，但是由于存在一个异常值，使得相关系数从近乎为 1 降低到 0.816。图 4-2 (d) 展示了一个例子，尽管两个变量之间没有线性关系，但是由于一个异常值的存

在，使得变量之间产生一个很高的相关系数。

其实，在历史的长河中，数据可视化协助人们发现规律的例子也比比皆是。1854 年，英国伦敦爆发了严重的霍乱，如果没有居住在该地区的当地医生流行病学之父约翰·斯诺（John Snow）的帮助，可能会有更多的人死亡。

约翰·斯诺将死亡病例的住址通过黑线标注在地图上，随着许多条黑线在地图上呈现，发现了死亡病例分布的规律，如图 4-3 所示，数据的可视化为其分析霍乱发生的原因提供了重要的参考依据，最终成功控制住了霍乱的传播。该图也被视为数据可视化重要性的经典案例。

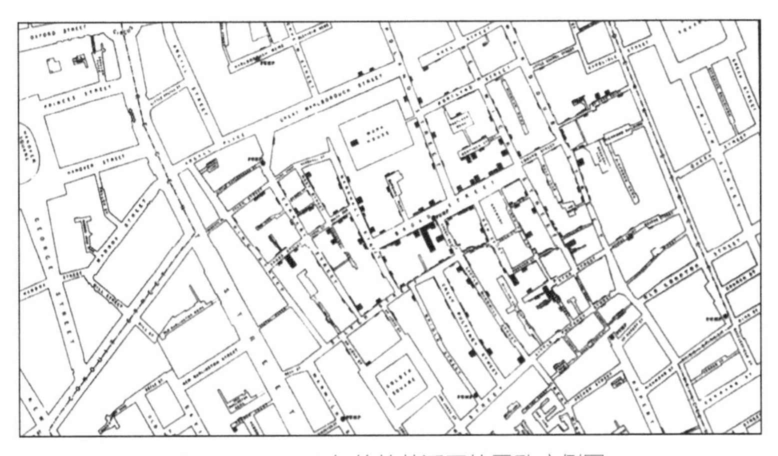

图 4-3　1854 年伦敦苏活区的霍乱病例图

在本书中，一直强调数据是用“二维表”的方式呈现的。“二维表”的优势是能够很轻易地看清楚数据的结构，但是二维表也有其自身的劣势，例如没有办法直接看出数据中的某些信息。相比之下，直接把数据用图像的方式呈现，能直观呈现出数据中的某些信息，方便进一步地分析数据。为了反映数据中的信息，将数据使用图像的方式进行呈现的过程称为数据可视化。用简单的小案例感知一下数据可视化的必要性。

· 案例 7：学习成绩与学习时间的关系

表 4-4 统计了一个班级的学生每天学习时间和最终学习成绩的数据，如果只通过观察表格，很难观察出想要得到的信息，例如：“学习时间”与“学习成绩”之间有什么联系？整个班级的成绩分布大概是什么样的？

表 4-4　某班学生学习时间与学习成绩统计

序号	学习时间	学习成绩	序号	学习时间	学习成绩
1	1	55	11	0	30
2	2	74	12	5	83
3	9	94	13	8	93
4	3	77	14	4	74
5	5	84	15	8	95
6	7	93	16	4	83
7	6	89	17	0	62
8	7	93	18	9	99
9	1	51	19	3	78
10	2	71	20	6	89

但是通过画图，一些信息就会被直观地反映出来。首先定义一个读取数据集的函数，将“学习时间”作为横轴，将“学习成绩”作为纵轴，将数据点画在一个平面直角坐标系中，代码如下：

```
import numpy as np
import matplotlib.pyplot as plt
import pandas as pd
data = pd.read_csv('学习成绩与学习时间.csv',index_col =
0, header = 0)  # 读取数据
y = data.iloc[:,-1]
X = data.iloc[:,0]
```

```
plt.plot(X, y,'r*')  # 画出数据
plt.xlabel("time")
plt.ylabel("score")
plt.show()
```

结果如下所示:

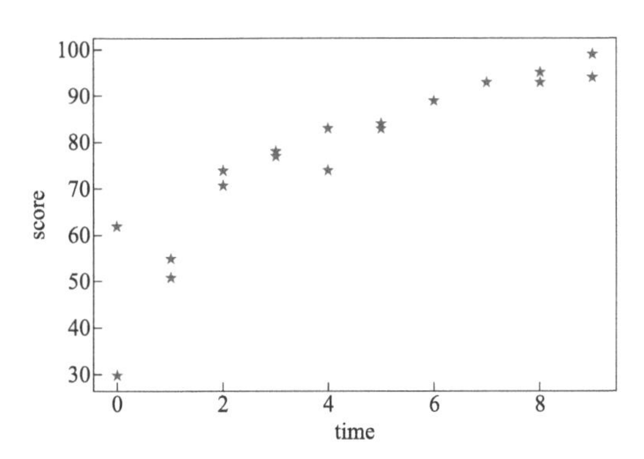

通过以上结果可以观察出如下趋势：随着学习时间的增加，学习成绩是明显提升的。这是在二维表中没有办法直接读出的信息，在 Python 中只用简单几行代码就可以实现。

作为教师，还会关心学生的成绩在各个分数段的人数，例如 90 分以上的有多少人，不及格的有多少人等，这时候可以使用频数分布的直方（柱状）图来呈现。直方图的代码如下:

```
data = pd.read_csv('学习成绩与学习时间.csv',index_col =
0, header = 0)  # 读取数据
y = data.iloc[:,-1]
X = data.iloc[:,0]
bins=[0,60,70,80,90,101]  # 分段指标
segments=pd.cut(y,bins,right=False)  # 将数据按照分数进行
分段
counts=pd.value_counts(segments,sort=False)  # 数各分数
段的人数
```

```
plt.bar(counts.index.astype(str),counts)  #画柱状图
plt.xlabel("score")
plt.ylabel("numbers")
```

结果显示如下：

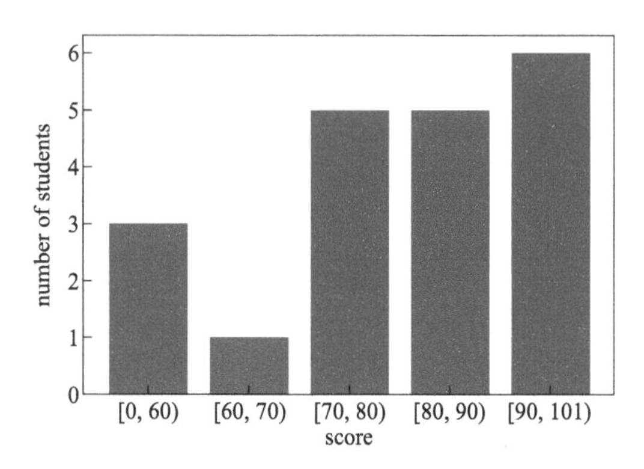

从结果中可以很直观地看到，有 3 位学生不及格，90 分以上的有 6 位学生。

· **案例 8：某市气温变化的直观展示**

表 4-5 中呈现的是某市 3 月份的气温变化，每一个样本是每天的气温，包括两个变量：最高气温和最低气温。现在想要直观地看出气温的变化趋势，并从中发现一些信息。

表 4-5　某市 3 月份每日气温

序号	日期	最高气温	最低气温	序号	日期	最高气温	最低气温
1	1	10	−3	8	8	16	2
2	2	14	1	9	9	18	5
3	3	12	0	10	10	20	5
4	4	13	−1	11	11	15	5
5	5	11	−2	12	12	13	4
6	6	11	−1	13	13	14	4
7	7	16	2	14	14	18	5

续表

序号	日期	最高气温	最低气温	序号	日期	最高气温	最低气温
15	15	17	5	24	24	17	7
16	16	12	3	25	25	16	5
17	17	3	−1	26	26	19	5
18	18	2	−2	27	27	15	6
19	19	7	−1	28	28	18	8
20	20	10	0	29	29	12	5
21	21	12	1	30	30	12	4
22	22	11	2	31	31	17	3
23	23	15	3				

为了体现变化趋势，选择将这些数据画在一张图中，代码如下：

```
import numpy as np
import matplotlib.pyplot as plt
import pandas as pd
data = pd.read_csv('某市3月份每日气温.csv',index_col =
0, header = 0)  #读取数据
X = data.iloc[:,0]  #日期信息
y1 = data.iloc[:,1]  #最高气温
y2 = data.iloc[:,2]  #最低气温
#画图
plt.figure(1)
plt.plot(X, y1,'r*-')  #画出数据
plt.plot(X, y2,'b^--')
plt.xlabel("date", fontsize = 10)
plt.ylabel("temperature", fontsize = 10)
plt.title("Temperature Change", fontsize = 12)
plt.show()
```

结果显示如下：

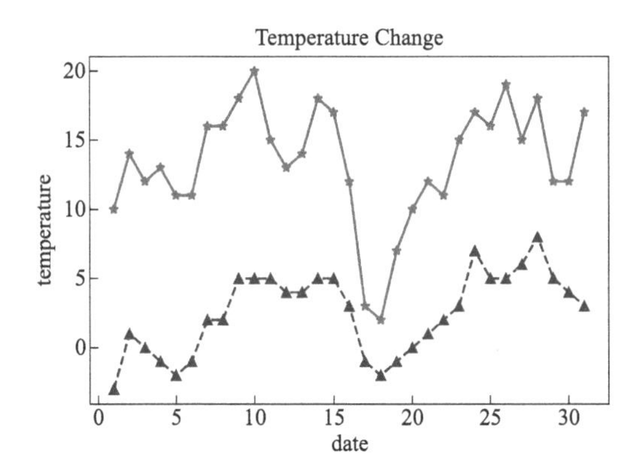

如结果所示，图中绘制的两条折线分别表示每日最高气温的变化和最低气温的变化。通过结果可以直观地捕捉到一些信息：在三月中旬时，可以直接看出该市的温度骤降，说明冷空气到来，在三月底的时候该市的气温稳定，但是最高温度和最低温度的差值在拉大，说明该市开始进入春季。

从以上两个案例可以得出结论，二维表可以非常详细地记录数据，但是由于其记录的数据过于细致，所以有时候不利于捕捉想要的信息。此时，直接把数据通过各种方式画在图上就能够看出来数据的一些分布和变化趋势，方便直接提取、呈现和捕捉想要的信息。

4.3.3 数据形态看数据

在对数据的描述中，除了之前介绍的统计量外，利用数据的形态也可以对数据有更加直观的认识。

直方图是数据分布形态的图形表示，其横轴是统计样本，纵轴是样本对应属性的度量。这个术语最初是由卡尔·皮尔逊提出的。通过直方图很容易发现数据的分布情况，它被用于诸多领域，尤其是在质量管理等领域发挥着重要的作用，因此往往又称直方图为质量分布图。

如果用直方图上的每个属性的个数除以所有属性个数之和，就可以得到归一化直方图。归一化直方图所有属性之和为 1，也

被称为 PMF（probability mass function，概率质量函数），它是值到其概率的一个映射。

利用 Python，很容易描绘出直方图。下面的代码给出了由 gamma 分布生成的随机数的直方图：

```
import numpy as np
import matplotlib.pyplot as plt
np.random.seed(0)
plt.hist(np.random.gamma(4, 5, 3000), bins= 50)
plt.show()
```

结果如下所示：

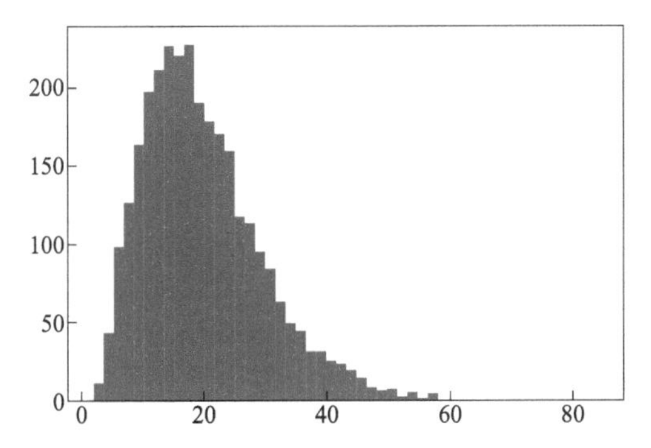

通过在 plt.hist( ) 中加入“density = True”参数，可以得到归一化后的直方图，结果如下所示：

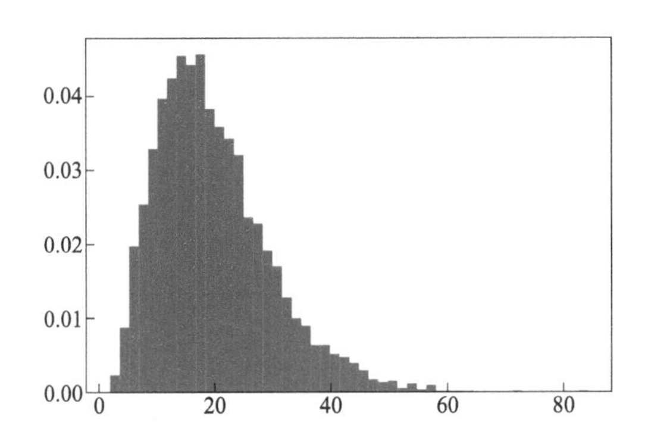

通过图像可以看到，生成的图像轮廓并不是对称的，通常称这样的形态为偏态（skewness）。上图中所示图像属于右偏分布（right-skewed distribution），也称正偏分布。右偏分布的特征是数据大多分布在“右侧”，其均值与中位数大于众数，数据中往往容易出现高位异常值，受到高位异常值的影响，均值又会大于中位数。

可以通过下面的命令获取数据偏度的具体数值：

```
from scipy import stats
print("偏度: ","%.2f" % stats.skew(np.random.gamma(4, 5, 3000)))
```

结果如下：

```
偏度: 1.10
```

左偏分布（left-skewed distribution）也称负偏分布，其均值和中位数都小于众数，因为受到低位异常值的影响，左偏分布数据的均值要小于中位数。当分布的众数、均值与中位数相等时，称该分布是对称分布。

除了偏态外，还可以用峰度（kurtosis）描述数据的形态。峰度是一种统计度量，它定义了分布的尾部与正态分布尾部的差异有多大。换句话说，峰度确定给定分布的尾部是否包含极值。

偏度本质上衡量的是分布的对称性，而峰度则决定了分布尾部的重尾程度。在金融学中，峰度被用来衡量金融风险，峰度大与投资风险高有关，因为它表明极大的概率和极小的回报；另一方面，峰度小则表明风险水平中等，因为极端回报的概率相对较低。

超峰度（excess kurtosis）是一种度量指标，它将分布的峰度与

正态分布的峰度进行比较。正态分布的峰度等于3，超峰度＝峰度－3，也就是说，正态分布的超峰度为0。

根据前文叙述的内容，可以给出鸢尾花数据的直方图，这里以其第一个特征值花萼长的样本数据绘制直方图，代码如下：

```
import matplotlib.pyplot as plt
import pandas as pd
%matplotlib inline
%config InlineBackend.figure_format = 'svg'
data = pd.read_csv('iris.csv')
plt.hist(data.iloc[:,0], bins=15)
plt.xlabel('sepal_length')
plt.ylabel('frequency')
plt.show()
```

结果如下图所示，其横轴代表样本的数值范围，纵轴代表该数值范围下样本的频数。

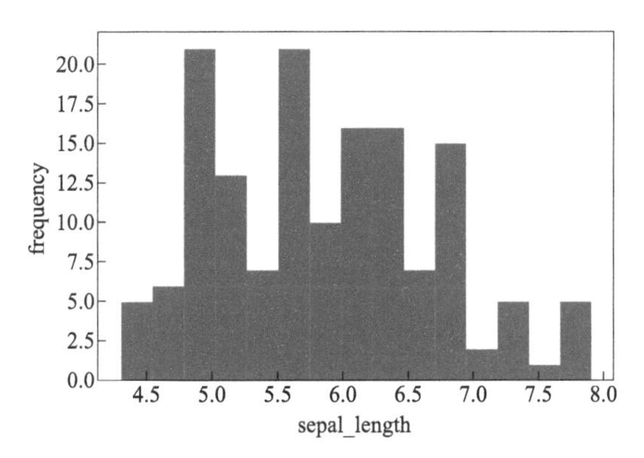

将各指标输出的代码如下：

```
import numpy as np
from scipy import stats
import pandas as pd
data = pd.read_csv('iris.csv')
```

```
x = data.iloc[:,0]
print(" 均值：","%.2f" % np.mean(x))
print(" 中位数：","%.2f" % np.median(x))
print(" 众数：","%.2f" % stats.mode(x)[0][0])
print(" 标准差：","%.2f" % np.std(x))
print(" 偏度：","%.2f" % stats.skew(x))
print(" 峰度：","%.2f" % stats.kurtosis(x))
```

结果显示：

```
均值： 5.84
中位数： 5.80
众数： 5.00
标准差： 0.83
偏度： 0.31
峰度： -0.57
```

从数据特征可以看出，鸢尾花的花萼长数据属于右偏态，峰度小于 0 则表示该数据分布与正态分布相比较为平坦。

五数概括法（five-number summary）利用最小值、最大值与第一、第二、第三四分位数同时针对数据进行描述，帮助了解数据的相关情况。与五数概括法类似的是箱线图（boxplot），也称盒须图（whisker plot），被广泛用于数据的描述中。箱线图于 1977 年由约翰·图基（John Tukey）提出。

如图 4-4 所示，箱线图（从下至上）依次由下须（lower whisker）、第一四分位数（lower quartile）、中位数、第三四分位数（upper quartile）以及上须（upper whisker）构成，其中，四分位间距 (inter quartile range，IQR) 是统计离散度的度量[1]。

[1] 一些文献、书籍用最小值（min）和最大值（max）分别替代下须和上须，本意是指去除所有异常值等之后的值，但这样容易使初学者误认为是数据实际的最小值与最大值，因此需要特别注意。

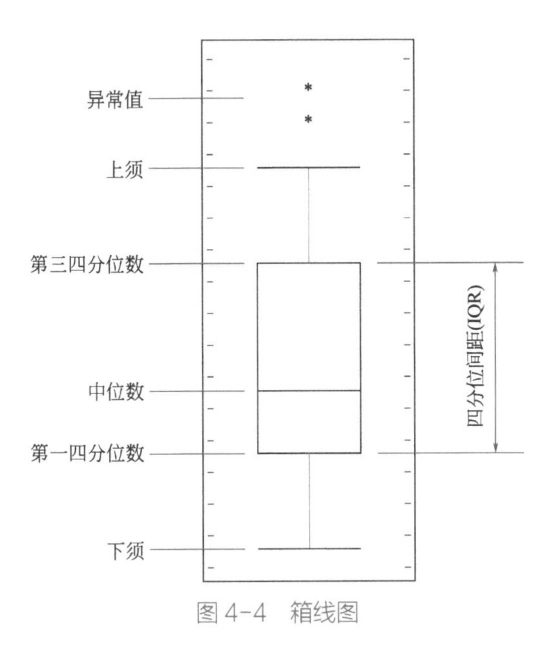

图 4-4　箱线图

根据四分位数，可以定义超出如下式范围的值为异常值。

$$[Q_1-k(Q_3-Q_1),\ Q_3+k(Q_3-Q_1)]$$

式中，k=1.5; Q_1 是第一四分位数; Q_3 是第三四分位数。当 k=3 时，不在该式范围的值属于超级异常值。

```
import matplotlib.pyplot as plt
import pandas as pd
data = pd.read_csv('iris.csv')
plt.boxplot(data.iloc[:,:4],
             labels=list('ABCD'),  # 为箱线图添加标签
             sym = "b+",          # 异常值，默认为蓝色的 "+"
             showmeans=True,      # 是否显示均值，默认不显示
             whis = 1.5,             # 相当于公式中的 k
            )
plt.show()
```

结果显示如下：

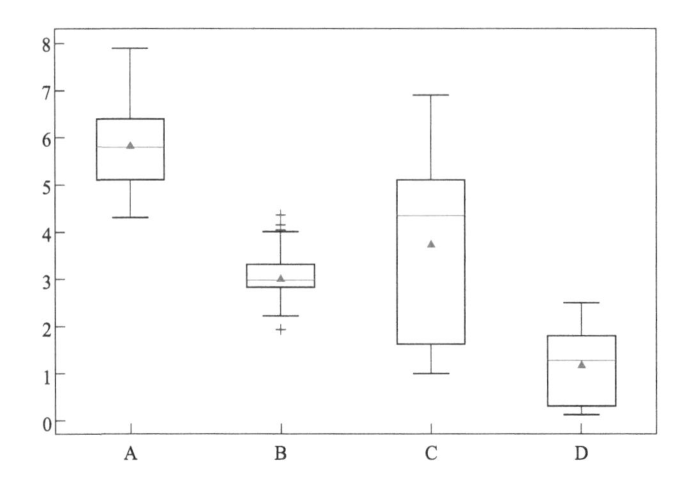

从结果中可以看到，每个箱线图中，三角形给出的是数据的均值，一些特征的均值与中位数保持相等，然而也有数据的均值与中位数存在一定的差距。从箱线图中也可以根据几个四分位数以及上须和下须的分布看出数据呈现的特征。此外，从箱线图中可以很容易发现在花瓣宽这个特征中，存在异常值。

通过如下代码，可以给出花瓣宽这个特征的索引和异常值。

```
import pandas as pd
data = pd.read_csv('iris.csv')
data_2 = data.iloc[:,1]
q1 = data_2.quantile(0.25)
q3 = data_2.quantile(0.75)
IQR = q3 - q1
k = 1.5    # 设定k=1.5，检验异常值
bottom = q1 - (k * IQR)
up = q3 + (k * IQR)
print("异常值的索引及数值为：\n", data_2[(data_2 < bottom)
| (data_2 > up)])
```

结果显示如下：

```
异常值的索引及数值为:
15    4.4
32    4.1
33    4.2
60    2.0
```

通过绘制水平的箱线图（将上述箱线图的代码 plt.boxplot() 添加“vert = False”参数），可以很容易看出数据的形态等相关信息。图 4-5 展示了不同的箱线图与形态的对应关系。

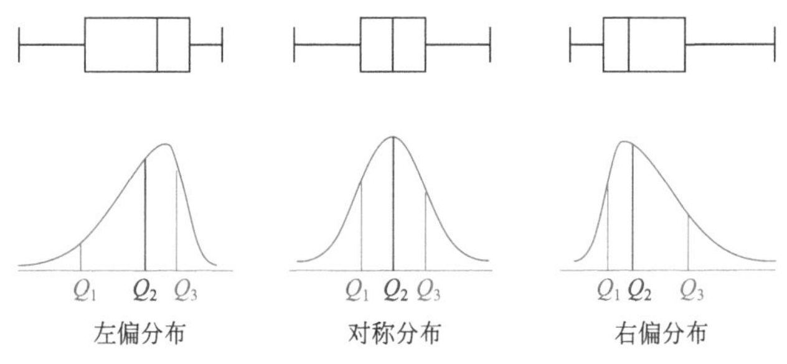

图 4-5　不同形态下的箱线图

第 5 章

特征的构建与关联

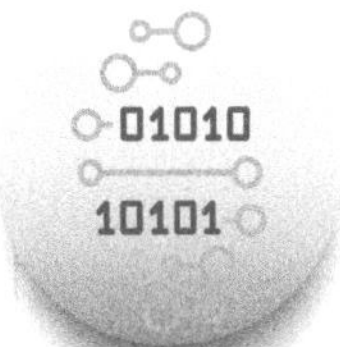

5.1 特征的创建与选取

5.1.1 特征的创建

数据的好坏直接决定了模型训练的成败。在机器学习中，有一句流传很广的名句："垃圾进，垃圾出。"实际上，机器学习的模型训练只是发现数据中的特定模式，因此研究一个问题，需要做到训练数据对该问题具有代表性。

一些学者认为，机器学习的本质是特征工程，数据特征决定了机器学习的上限，模型与算法仅仅是逼近这个上限。因此在现实中，不少机器学习耗费大量时间成本，不是用在算法的选择与调参上，而是数据清理与特征工程上，即探索如何将原始数据转变得更具代表力。

赋能是人工智能的天然属性，然而如果要解决场景为王的实际问题，针对场景构建一些具有针对性的指标尤为关键，好的指标总能抓住事物的本质。

在金融投资领域，风险的度量一直是一个长期困扰人们的问题，然而早期的金融市场对风险度量的讨论大部分还停留在主观定性的基础上。1952 年，哈里・马科维茨（Harry Markowitz）提出均值 - 方差模型（mean-variance model），它是一个投资组合优化模型，其目标是根据资产的预期收益（均值）和标准差（方差）以及证券间的协方差来分析各种投资组合，从而得到最有效的风险回报组合。[1]

在该模型中，一个关键的贡献就是利用预期收益的方差定义

---

[1] Markowitz H M. Portfolio Selection. Journal of Finance. 1952, 7(1): 77-91.

并度量了投资的风险，为后续量化研究风险奠定了基础，而马科维茨也因此获得了诺贝尔经济学奖。

利用均值和方差这两个简单的统计量，为选择金融产品提供了一定的参考依据。比如，在同等均值（平均收益相同）的情形下，理性的人应该尽可能选择方差（风险）较小的投资产品，或者是在方差相同的产品中，选择收益较大的那个。

当进行投资组合时，利用预期收益、方差以及不同金融产品间收益的协方差矩阵，可以构建出不同投资比例下的资产组合有效前沿（图 5-1），投资者就可以根据偏好进行投资产品的组合选择。

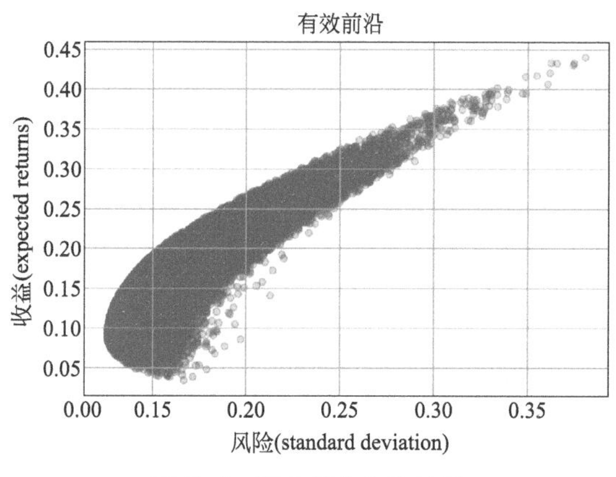

图 5-1　资产组合有效前沿

在特征的创建过程中，还要认识到任何特征都难做到十全十美。仍以方差为例，一些批评者认为方差衡量风险需要很严格的假设，比如收益率需要服从正态分布，然而现实中的投资收益很难满足。此外，方差将正负收益（围绕收益上下波动）均视为风险也不合情理，因此在方差基础上又提出了半方差（semi-variance），对风险进行度量。

除了方差一族对风险的衡量外，还有另外的方法用来衡量风险，较为知名的就是风险价值 VaR（value at risk），它估计在正常的市场波动条件下，在一定的概率水平下，投资在一段时间内（如一天）可能会产生的最大损失为多少。因为 VaR 值是个数值，这使得它易于理解，也容易被解释，被广泛应用于所有类型的资产，包括股票、债券、货币、衍生品等，其他领域的一些风险决策也在借鉴其思想。

本质上，VaR 就是统计学中百分位数的一个应用。如图 5-2 所示，横轴代表资产的日收益率，纵轴代表收益率出现的频率，对某资产三年来的日收益情况进行统计，选择 99% 的置信水平，不会发生超过 −0.05156 的亏损。

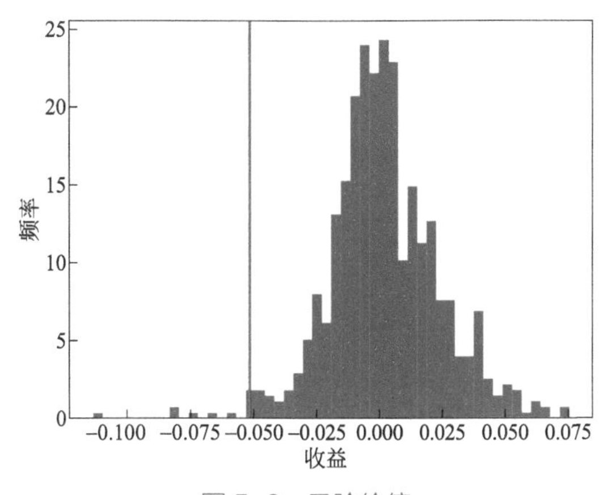

图 5-2　风险价值

从以上内容可以看出，一些看似简单的统计量，与一定的专业领域知识相结合，可以创建出非常具有影响力的实用指标。

5.1.2　与时俱进选取指标

随着信息技术的快速发展，大数据、人工智能技术对人们的生活、工作和学习产生了巨大的影响，也催生了一些新的研究范式和学科。

其中，大数据的可用性大大增加了通过计算分析来研究社会和人类行为的机会，并由此产生一门新的研究领域——计算社会科学（computational social science）。计算社会科学是研究社会科学计算方法的学术分支学科，即用计算机来模拟和分析社会现象，研究领域包括计算经济学、计算社会学、社会动力学、文化学，以及社会和传统媒体内容的自动分析，它侧重于通过社会模拟、建模、网络分析和媒体分析来调查社会与行为关系及互动。

计算社会科学需要将社会科学和不同学科以及大数据集所需的技能结合起来，因此其属于天然的跨学科融合。杂志 *Nature* 在 2021 年 7 月刊以封面文章的形式发布了“计算社会科学”特刊（图 5-3）。

图 5-3　*Nature* 2021 年 7 月计算社会科学专刊

对于像计算社会科学这样新的跨学科的出现，需要从研究范式、研究方法上不断创新，并因此引发对新衡量特征的需求。

比如，当人们研究城市经济等问题时，过去往往采用的是一些历史的、静态的少量指标，得益于网络、大数据及人工智能等技术的发展，城市经济等一些问题变得可以以一种实时的、动态的大数据方式进行研究。

5.2 特征的扩充与降维分析

5.2.1 特征的扩充

某个特征上也许包含多个与研究问题相关的特征，因此可以利用现有的某特征生成多个特征，从而有助于建模分析。比如在时间序列数据中，年份、季度、月、日以及星期等关键信息对分析某些问题十分关键，然而这些信息可能包含在一个日期特征中，如图 5-4 所示。

	date
0	2018/1/2
1	2018/1/3
2	2018/1/4
3	2018/1/5
4	2018/1/8
...	...
1166	2022/10/25
1167	2022/10/26
1168	2022/10/27
1169	2022/10/28
1170	2022/10/31

1171 rows × 1 columns

图 5-4　日期数据

通过以下代码，可以将一些有用的特征分别提取出来。

```
import pandas as pd
df = pd.read_csv("DateData.csv")  # 导入日期数据
df['date'] = pd.to_datetime(df['date'])
df['年']=df['date'].dt.year
df['季度']=df['date'].dt.quarter
df['月']=df['date'].dt.month
df['日']=df['date'].dt.day
df['星期']=df['date'].dt.dayofweek
print(df)
```

结果显示如下：

	date	年	季度	月	日	星期
0	2018-01-02	2018	1	1	2	1
1	2018-01-03	2018	1	1	3	2
2	2018-01-04	2018	1	1	4	3
3	2018-01-05	2018	1	1	5	4
4	2018-01-08	2018	1	1	8	0
...	...	...	...	...	...	...
1166	2022-10-25	2022	4	10	25	1
1167	2022-10-26	2022	4	10	26	2
1168	2022-10-27	2022	4	10	27	3
1169	2022-10-28	2022	4	10	28	4
1170	2022-10-31	2022	4	10	31	0

1171 rows × 6 columns

在已有特征的基础上，通过交叉组合可以构建出一些更具细粒度的特征，比如当进行一些传统的人口统计学研究时，可以将样本的一些分类特征如年龄、性别、地域等组合成“年龄＋性别”或“年龄＋地域”等这样的新特征。

像这种针对两个类别进行的特征组合，也称为二阶组合。当

然，也可以针对特征进行多阶组合。通过指标的组合可以产生出很多新的特征。

比如在进行植物叶分类的相关研究中，通常需要获取叶长、叶宽、叶尖质心距和叶柄质心距等基础的特征，而这些特征又可以通过组合产生新的特征，比如“长宽比 = 叶长 / 叶宽”“质心偏心率 =（叶尖质心距 − 叶柄质心距）/（叶尖质心距 + 叶柄质心距）”等[1]。

在一些分类的场景下，构建出新的特征可以非常方便地解决问题。如图 5-5（a）所示，一维特征空间上的两种类别的点，很难通过一条线（超平面）将其划分，然而当增加一个特征，该特征是原特征的平方后，可以看到，如图 5-5（b）所示，一条线很容易将这些点进行类别划分。

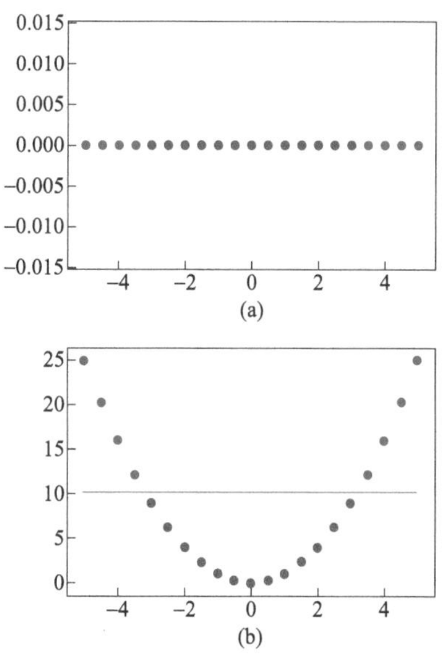

图 5-5　从一维特征到二维特征

[1] 姚飞，叶康，周坚华 . 植物叶图像特征分析和分类检索 [J]. 浙江农林大学学报，2015, 32(3): 426-433.

图 5-6（a）的二维空间中存在一些无法线性可分的点，然而如果利用特征 x_1 和 x_2 构建出一个新的特征 $x_3=x_1^2+x_2^2$，如图 5-6（b）所示，就可以通过一个超平面将这些点进行划分。

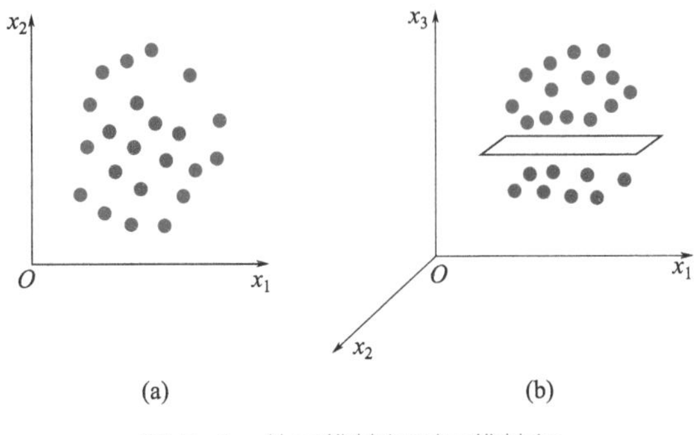

图 5-6　从二维特征到三维特征

上述将低维空间线性不可分数据映射到高维空间进行线性划分的方法就是核方法（kernel method）的基本思想。

当对一个自变量和一个因变量的数据集建模时，通常使用简单的一元线性回归来量化这两个变量之间的关系：

$$y=a_1x+a_0$$

然而实际上，这两个变量之间的关系可能是非线性的，尝试使用线性回归可能会导致模型欠拟合。此时可以通过一元多项式回归（polynomial regression）解决这个问题：

$$y=a_nx^n+a_{n-1}x^{n-1}+\cdots+a_1x+a_0$$

式中，n 被称为多项式的次数。

尽管多项式回归可以拟合非线性数据，但它仍然被认为是线性回归的一种形式，因为它的系数 a_1，…，a_n 是线性的。多项式回归也可以用于多个自变量的情形，但这会在模型中创建交互项，使得模型变得极其复杂。比如二元二次多项式回归方程为：

$$y=b_0+b_1x_1+b_2x_2+b_3x_1^2+b_4x_2^2+b_5x_1x_2$$

5.2.2 降维分析

特征并不是越多越好，一些无效的特征可能会使算法的运算复杂度增加，一些冗余的特征，甚至还会导致如多重共线性（multicollinearity）问题，从而使得模型分析失去意义。因此特征的选择就变得尤为关键。

一种方法是可以通过将特征与因变量进行相关性评价，根据统计分析的结果确定特征的保留与剔除。关于相关性分析，会在下一节中详细阐述。

使用一些建模分析，也可以对变量进行选择与剔除，比如逐步回归（stepwise regression）。逐步回归是一种迭代检验线性回归模型中每个自变量的统计显著性，找到一组对因变量有显著影响的自变量的方法。

逐步回归主要通过正向选择与反向消元进行特征选择。正向选择方法从特征一无所有开始，逐步添加每个新特征，测试统计显著性。反向消元法从包含所有特征的完整模型开始，然后删除一个特征以测试其相对于整体结果的重要性。

当处理大量数据时，数据集中的每个特征其实都提供了关于最终结果的不同信息，这意味着数据中总是有一些杂质（impurity），这种杂质可以通过计算给定数据的熵（entropy）来量化。进一步，通过计算每个特征的信息增益（information gain），可以让人们了解给定不同特征能带来多少关于最终结果的有效信息，因此，通过信息增益可以对变量进行选择。

特征选择通过将“不需要”的特征直接剔除，起到降维的作用，然而有些情形下显得过于简单直接，造成特征信息的损失。

一些降维的方法，能够在原有特征的基础上，通过线性变换产生新的特征，比如主成分分析。

主成分分析（principal components analysis，简称 PCA）的历史悠久，由卡尔·皮尔逊于 1901 年提出，1930 年左右由哈罗德·霍特林（Harold Hotelling）独立发展并命名，在诸多领域中被广泛使用。主成分分析利用正交变换对一系列原始数据进行线性变换，将数据投影为一系列线性无关变量的值，这些线性无关的变量称为主成分（principal components）。主成分分析在减少数据维数的同时，能够利用方差贡献率（variance contribution rate）这种量化的指标让人们可以有选择地保留最大特征，从而在原数据信息尽可能不用过多损失的情况下大大减少了维度。

利用一个简单的案例，阐述主成分的工作原理。图 5-7 的散点图利用两个维度对每个样本进行了描述，从图 5-7 中可以看到数据无论在横轴上还是纵轴上都显示出较大的离散性，可以用变量的方差定量地表示这种离散性。

如果直接删除某个变量，就会导致原始数据中的信息大量丢失。如果将坐标轴按照逆时针的顺序旋转 θ 度，可以得到如图 6-2 的坐标轴，坐标旋转后新旧坐标公式如下：

$$Y_1 = \cos\theta \cdot X_1 + \sin\theta \cdot X_2$$
$$Y_2 = -\sin\theta \cdot X_1 + \cos\theta \cdot X_2$$

将上式表现为矩阵乘法的形式如下：

$$\begin{bmatrix} Y_1 \\ Y_2 \end{bmatrix} = \begin{bmatrix} \cos\theta & \sin\theta \\ -\sin\theta & \cos\theta \end{bmatrix} \begin{bmatrix} X_1 \\ X_2 \end{bmatrix} = \boldsymbol{U} \cdot \boldsymbol{X}$$

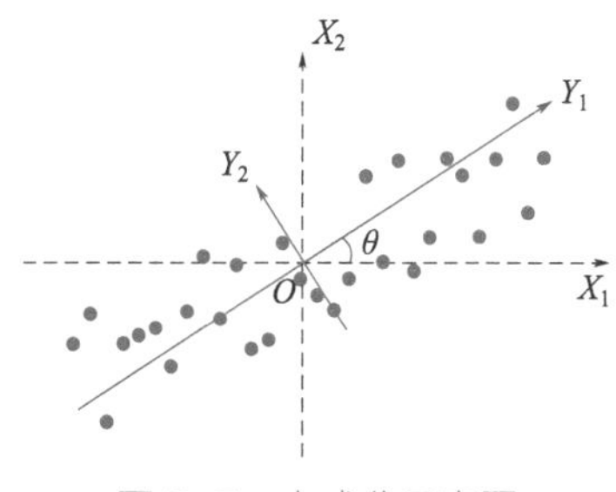

图 5-7　主成分示意图

从图 5-7 中可以看出，在新的坐标体系下，散点在 Y_1 方向上离散变得更大，而在 Y_2 方向上离散减小，如果在 Y_2 方向小到可以将其舍弃的程度，则实现了从二维降至一维的目的。

主成分有如下的特征：

① 每个主成分是原变量的线性组合；

② 各个主成分之间互不相关；

③ 主成分按照方差贡献率从大到小依次排列；

④ 所有主成分的方差贡献率求和为 1；

⑤ 提取后的主成分通常远远小于原始数据变量的数量；

⑥ 提取后的主成分尽可能地保留了原始变量中的大部分信息。

通过导入 PCA 进行主成分分析，代码如下：

```
# 导入库
import numpy as np
import pandas as pd
from sklearn.decomposition import PCA
from sklearn.datasets import load_iris

# 导入数据
data = load_iris()

# 主成分分析
```

```
model = PCA()
model.fit(data.data)

# 显示主成分信息
pd.DataFrame(model.transform(data.data),
             columns=["PC{}".format(x + 1) for x in
             range(data.data.shape[1])])
```

结果显示如下：

	PC1	PC2	PC3	PC4
0	-2.684126	0.319397	-0.027915	-0.002262
1	-2.714142	-0.177001	-0.210464	-0.099027
2	-2.888991	-0.144949	0.017900	-0.019968
3	-2.745343	-0.318299	0.031559	0.075576
4	-2.728717	0.326755	0.090079	0.061259
...	...	...	...	...
145	1.944110	0.187532	0.177825	-0.426196
146	1.527167	-0.375317	-0.121898	-0.254367
147	1.764346	0.078859	0.130482	-0.137001
148	1.900942	0.116628	0.723252	-0.044595
149	1.390189	-0.282661	0.362910	0.155039

150 rows × 4 columns

上述结果给出了鸢尾花数据集的 4 个（全部）主成分，然而选择几个主成分需要进一步判断，这里可以通过计算主成分的累积贡献率进行判断，代码如下：

```
import matplotlib.ticker as ticker
plt.gca().get_xaxis().set_major_locator(ticker.
MaxNLocator(integer=True))
```

```
plt.plot([0] + list(np.cumsum(model.explained_variance_
ratio_)), "-")
plt.xlabel("Number of principal components")
plt.ylabel("Cumulative contribution rate")
plt.show()
```

结果显示如下：

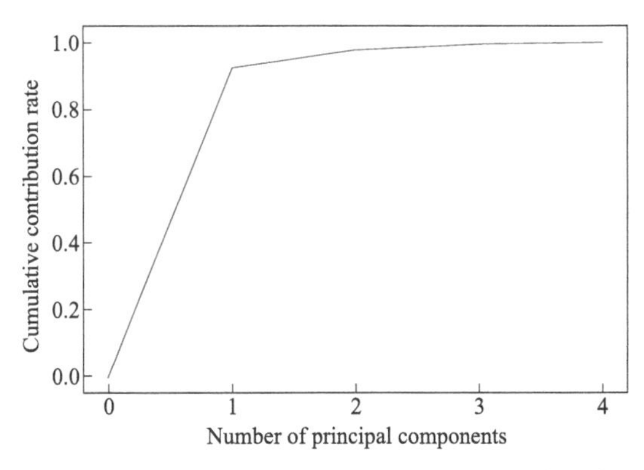

从上面的结果可以看出，主成分从 0 至 1 时非常陡峭，而从 1 往后趋于平缓，因此有理由相信，针对四维的鸢尾花数据，只需要保留 1 个主成分，即将原四维数据降维到现在的一维。

利用下面的代码可以用更加量化的方式查看主成分累积贡献率：

```
model.explained_variance_ratio_
```

结果显示如下：

```
array([0.92461872, 0.05306648, 0.01710261, 0.00521218])
```

从显示的结果来看，1 个主成分就已经达到了 92.46%，保留了原数据中绝大部分信息，并高于选择主成分累计贡献率需要超过 85% 的准则。

第一主成分如下：

$$Z_1 = 0.3614\times(x_1-\bar{x}_1)-0.0845\times(x_2-\bar{x}_2)+0.8567\times(x_3-\bar{x}_3)+0.3583\times(x_4-\bar{x}_4)$$

式中，$\bar{x}_i(i=1,2,3,4)$表示该列特征的均值；等式右边的系数为协方差矩阵的第一列（与第一个特征值相对应）的数值。通过这样的方式，利用线性组合得到了新的特征。

5.3 特征间的关系

5.3.1 相关≠因果

在大数据分析的教学中，有一个非常经典的案例——啤酒和尿不湿：一家知名的超市通过对销售数据进行分析，发现了啤酒和尿不湿的关联性很大，即买了啤酒的人同时也购买了尿不湿。因此，超市将啤酒和尿不湿摆在了一起，确实对销量起到了促进作用。

对很多人来说，这是一种比较违背常识的现象，然而事实的确如此。那么，有了这个结论后，是不是所有的超市都可以直接效仿呢？深入研究数据背后的现象发现该地区同时购买啤酒和尿不湿的都是一些带小孩的父亲，尿不湿是小孩的刚需，啤酒则是爸爸群聚会看比赛时必不可少的商品。奶爸就是尿不湿与啤酒连接的纽带；但是，并不是所有的地方都是这种情况，因此需要深入调研后再做推广。

上面的案例中，尿不湿的销量与啤酒的销量是两个变量，它们之间出现的这种联系被称为具有相关关系，尿不湿的销量增长，对啤酒的需求也会增加，说明这两个变量之间为正相关。

如果一个变量的增加对应另一个变量的减少，则称这两个

变量之间属于负相关。如果一个变量的变化与另一个变量的变化没有什么关系，则称它们不相关。有一个指标——相关系数（correlation coefficient），用来衡量相关关系的强弱。

然而，两个变量之间存在相关关系，也并不能说明一个变量的变化会导致另一个变量的变化，也就是相关并不一定意味着因果。一个很简单的例子可以说明这点，公鸡打鸣与太阳升起，两者高度相关，但是却不能说公鸡打鸣是太阳升起的原因。

之所以相关并非因果，是因为事物之间存在相关关系可能有几点原因：第一，两个事物呈现的相关纯属偶然；第二，两个相关的变量背后有着某种隐藏的因素；第三，两个变量之间的确存在联系，但是同时也有其他很多原因。

相关分析是研究特征之间密切程度的一种统计方法，线性相关分析研究两个特征间的线性关系强弱程度与方向。

通常使用相关系数来计量这些随机变量协同变化的线性关系强弱程度，当随机变量间呈现同一方向的变化趋势时称为正相关，反之则称为负相关。一般用相关系数的绝对值表示相关的强弱：

- 0.8 ~ 1.0：极强相关
- 0.6 ~ 0.8：强相关
- 0.4 ~ 0.6：中等程度相关
- 0.2 ~ 0.4：弱相关
- 0.0 ~ 0.2：极弱相关或无相关

图 5-8（a）显示两个变量呈现正相关关系；图 5-8（b）则是负相关关系；图 5-8（c）显示两个变量之间无相关关系。从散点图中也可以看出相关关系的强弱程度，如图 5-8（d）显示两个变量呈现出强线性相关；图 5-8（e）则显示变量间属于弱线性相关；图 5-8（f）可以明显看到尽管不属于线性相关，但是变量之间存在明显的非线性相关关系。

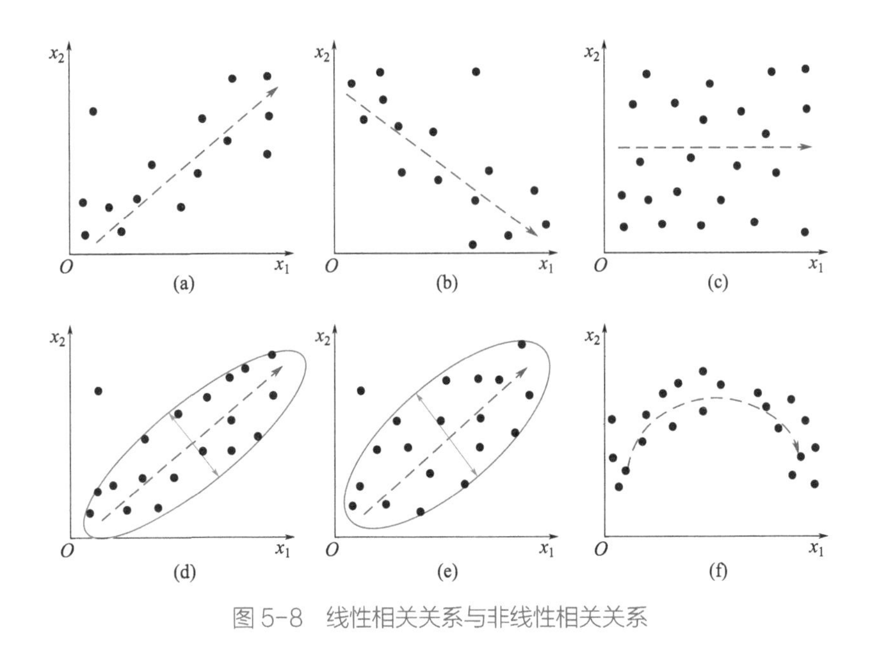

图 5-8　线性相关关系与非线性相关关系

5.3.2　相关系数

皮尔逊相关系数（Pearson correlation coefficient）是两组数据之间线性相关的度量。它是两个变量的协方差和它们的标准差的乘积之间的比值，公式如下：

$$r=\frac{\sum_{i=1}^{n}(X_i-\bar{X})(Y_i-\bar{Y})}{\sqrt{\sum_{i=1}^{n}(X_i-\bar{X})^2}\sqrt{\sum_{i=1}^{n}(Y_i-\bar{Y})^2}}$$

因此，它本质上是协方差的标准化测量，结果总是在 −1 和 1 之间。r 越接近于 1，说明变量 X、Y 越正向线性相关，即当 X 取值大时，Y 的取值也会大；r 越接近于 −1，说明变量 X、Y 越负向线性相关，即当 X 取值大时，Y 的取值会小。

与协方差本身一样，该测量只能反映变量的线性相关，并且

只有当数据符合正态分布的连续型变量才能使用这种分析。

调用 scipy.stats 库中的 pearsonr 函数，可以得到皮尔逊相关系数及其显著性水平，这里选取波士顿房地产数据中“低收入人群比例”和“房价中位数（千美元）”两个特征进行相关性分析，代码如下：

```
import numpy as np
import pandas as pd
from scipy import stats
data = pd.read_csv('boston.csv')
x0 = data.iloc[:,12]
x1 = data.iloc[:,13]
correlation, pvalue = stats.pearsonr(x0,x1)
print(" 相关系数为 :",correlation)
print("p 值为 :",pvalue)
```

结果显示如下：

```
相关系数为:  -0.7376627261740146
p 值为:  5.081103394387836e-88
```

从结果可以看到，这两个特征的相关系数约为 −0.74，对应的显著性水平基本为 0，可见它们之间呈现出强负相关。

当数据不满足正态分布假设，甚至不是等距或者等比的数据，而是具有等级顺序的数据时，需要考虑使用斯皮尔曼等级相关系数（Spearman's rank correlation coefficient），公式如下：

$$\rho=\frac{\sum_i (x_i-\bar{x})(y_i-\bar{y})}{\sqrt{\sum_i (x_i-\bar{x})^2 \sum_i (y_i-\bar{y})^2}}$$

利用 Python 求解斯皮尔曼等级相关系数时，与计算皮尔逊相关系数大致相同，唯一的不同之处在于先将原始数据转换成等级数据后再进行计算，代码如下：

```
import numpy as np
import pandas as pd
from scipy import stats
data = pd.read_csv('boston.csv')
x0 = data.iloc[:,12]
x1 = data.iloc[:,13]
x0 = stats.rankdata(x0)   #将原始数据转化为等级数据
x1 = stats.rankdata(x1)
correlation, pvalue = stats.spearmanr(x0,x1)
print("相关系数为: ",correlation)
print("p值为: ",pvalue)
```

结果显示如下：

```
相关系数为:  -0.8529141394922163
p值为:  2.221727524313283e-144
```

从结果可以看到，斯皮尔曼等级相关系数约为 −0.85，对应的显著性水平基本为 0，可见它们之间呈现出极强的负相关。

通过散点图矩阵也能观察到特征间的相关性，代码如下：

```
import numpy as np
import pandas as pd
import matplotlib.pyplot as plt
%matplotlib inline
%config InlineBackend.figure_format = 'svg'

data = pd.read_csv("iris.csv")   #导入csv文件
data_X = data.iloc[:,0:4]    # 提取鸢尾花特征数据

# 绘制散点图矩阵
pd.plotting.scatter_matrix(data_X,color ='b',alpha = 0.3)
plt.show()
```

结果显示如下：

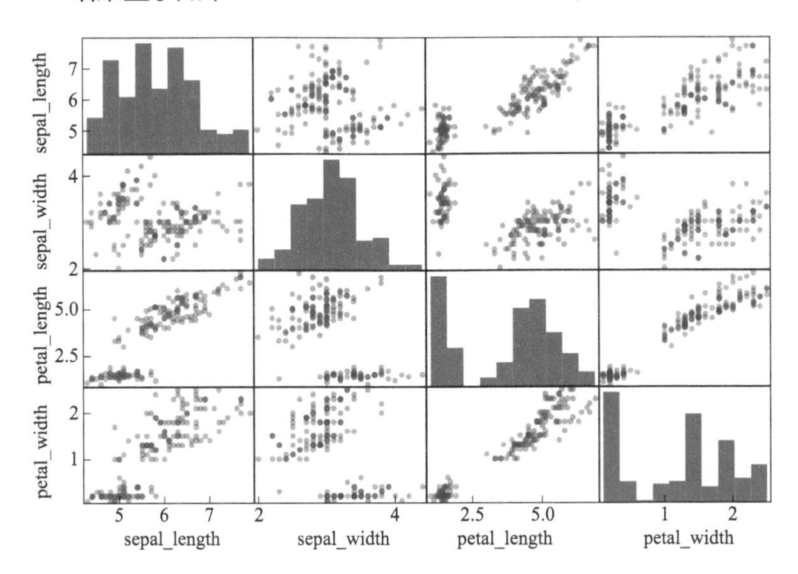

上述散点图矩阵给出了鸢尾花的不同指标之间的散点图，对角线上的图为特征数据的直方图。

利用散点图矩阵可以在平面上展示高维数据两两之间的关系，对于分析数据分布以及相关关系及变化趋势方面发挥着不可替代的作用，它的缺点是当数据维度太大时不宜很好展示。

利用相关热图（correlation heatmap）也可以展示变量之间的相关性。它是一种可视化数值变量之间关系强度的图形，仍以鸢尾花不同特征间的相关系数为例，代码如下：

```
import matplotlib.pyplot as plt
import numpy as np

# 绘制矩阵的函数，一个矩阵元素对应一个图像像素
plt.matshow(data_X.corr().values, vmin=0, vmax=1)
plt.colorbar()
plt.show()
```

结果显示如下：

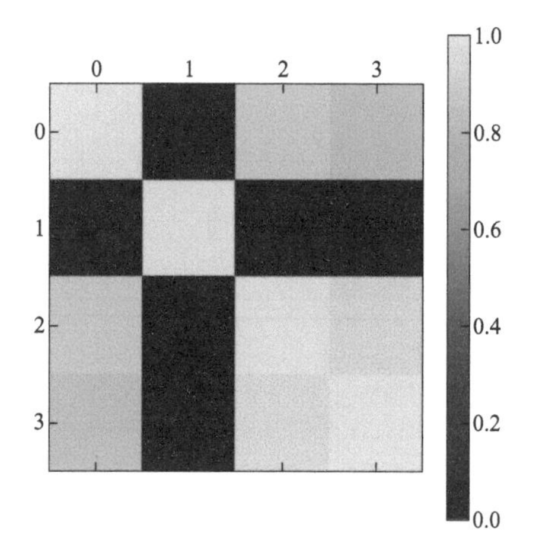

5.3.3 从相关到回归

拿到数据时，如何使用概率统计的方法进行分析呢？最基本的统计学分析分为三步：基于单变量的描述性统计、变量间的相关性分析以及建立变量间关系的回归模型。为了方便说明，使用之前用过的某班学生成绩表作为案例进行分析，如表 5-1 所示。

表 5-1 某班学生成绩表

序号	学生姓名	性别	学习时间	学期一	学期二	学期三	学期四	学期五	学期六
1	张一	男	3	55	36	68	45	25	47
2	张二	女	4	74	93	56	80	62	64
3	张三	男	6	94	89	99	100	82	100
4	张四	男	4	77	75	74	96	55	63
5	张五	女	5	84	69	77	82	53	98
6	张六	男	5	93	71	100	100	81	100
7	张七	男	6	89	64	93	90	53	100
8	张八	女	8	93	86	74	83	68	100

续表

序号	学生姓名	性别	学习时间	学期一	学期二	学期三	学期四	学期五	学期六
9	张九	男	1	51	46	38	38	35	33
10	张十	女	3	71	52	54	59	56	83
11	张十一	男	2	30	19	21	11	13	38
12	张十二	女	5	83	58	89	87	70	85
13	张十三	女	5	93	84	100	98	73	85
14	张十四	女	3	74	94	79	75	54	62
15	张十五	男	6	95	94	79	95	68	90
16	张十六	女	6	83	84	95	83	72	95
17	张十七	男	4	62	62	49	74	40	80
18	张十八	女	9	99	100	84	77	69	100
19	张十九	男	6	78	61	94	95	51	100
20	张二十	女	5	89	100	70	72	65	95

相应的，还是基于 Python 来实现整个统计学的过程，在 Python 中可以使用 NumPy 这个数学运算的常用库实现统计学中的统计量计算。

步骤一：基于单变量的描述性统计

拿到数据后，当希望用概率统计的方法进行分析时，首先应对每一列数据进行分析，计算每一个变量的集中趋势（例如均值）和分散趋势（例如标准差和方差），从而得到一些基于单个变量的结论。在 Python 中可以快速实现这一过程，使用 pandas 库中自带的 describe() 函数：

```
import numpy as np
import pandas as pd
data = pd.read_csv(" 某班学生成绩表 .csv", header = 0,
index_col = 0)  # 读取数据
data.describe()
```

输出结果如下：

	学习时间	学期一	学期二	学期三	学期四	学期五	学期六
count	20.00000	20.00000	20.000000	20.000000	20.00000	20.000000	20.000000
mean	4.80000	78.35000	71.850000	74.650000	77.00000	57.250000	80.900000
std	1.90843	17.60166	22.278796	21.837377	23.10844	17.976227	22.061875
min	1.00000	30.00000	19.000000	21.000000	11.00000	13.000000	33.000000
25%	3.75000	73.25000	60.250000	65.000000	73.50000	52.500000	63.750000
50%	5.00000	83.00000	73.000000	78.000000	82.50000	59.000000	87.500000
75%	6.00000	93.00000	90.000000	93.250000	95.00000	69.250000	100.000000
max	9.00000	99.00000	100.000000	100.000000	100.00000	82.000000	100.000000

对于“学习时间”这个变量，从描述性统计中可以得到以下结论：20 个学生的平均学习时间为每天 4.8 小时，标准差为 1.9 小时，学习时间最少的学生每天学习 1 小时，学习时间最长的学生每天学习 9 小时。

步骤二：变量间的相关性分析

对于变量间的相关性关系，人们希望能够用一个值来描述两个变量的取值能有多相关，例如“学期一”成绩与“学习时间”是否相关。在这里选取线性相关系数。

这里需要特别强调，r 只能用来说明是否“线性相关”，即 X 的取值和 Y 的取值会不会都落在一条确定直线上。不能用来说明“相关”，“线性”两个字不能随便省略。例如 $r=0$ 不能说明 X、Y 就无关。以下举个反例：

在二次函数 $y=x^2$ 上对称取点，分别作为随机变量 X 和 Y 的值，得到一组数据如表 5-2。

表 5-2　二次函数上的数据

X	−3	−2	−1	1	2	3
Y	9	4	1	1	4	9

此时，计算出来 $r=0$，但是很明显变量 X 与 Y 是有关系的，而且关系非常明确，分别是一个二次函数的横纵坐标。

线性相关系数 r 只能说明两个变量是否有线性关系，当 r 的绝对值接近于 1 时，可以直接得出结论 X 与 Y 具有线性相关关系；当 r 的绝对值较小时，不能直接就说明两个变量无关，需要进一步分析。

此时，可以进一步使用可视化方法，将两个变量的数据分别作为横纵坐标在平面直角坐标系中画出再进行观察，如图 5-9 所示。

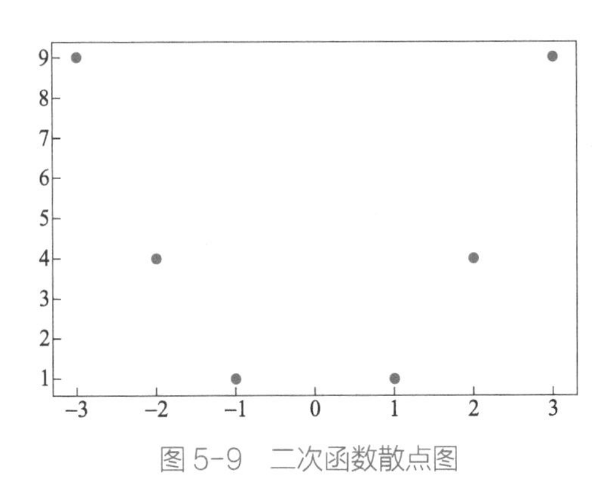

图 5-9　二次函数散点图

对于表 5-1，可以使用 NumPy 库自带的 corrcoef 函数在 Python 中计算“学习时间”和“学期一”成绩的线性相关系数，代码如下：

```
import numpy as np
import pandas as pd
data = pd.read_csv("某班学生成绩表.csv", header = 0,
index_col = 0)  #读取数据
# 计算"学习时间"与"学期一"成绩的线性相关系数
X = data['学习时间']
Y = data['学期一']
XY = np.array([X,Y])  #将需要计算线性相关系数的放在 array 里
print(np.corrcoef(XY))  #计算并给出线性相关系数
```

输出的结果为一个相关系数矩阵：

```
[[1.         0.8153683]
 [0.8153683 1.       ]]
```

其中，对角线的数值为一个变量自己与自己的线性相关系数，所以一定为 1。“学习时间”和“学期一”的线性相关系数为 0.8153683。

当然，基于这种方法，也可以直接计算多个变量两两之间的线性相关系数，组成相关系数矩阵。如果把“学习时间”“学期一”“学期二”“学期三”“学期四”“学期五”“学期六”成绩都考虑进去，可以在 Python 中计算这些变量两两之间的线性相关系数，代码如下：

```
import numpy as np
import pandas as pd
data = pd.read_csv("某班学生成绩表.csv", header = 0,
index_col = 0)  #读取数据
XYZ = np.array(data[['学习时间','学期一','学期二','学
期三','学期四','学期五','学期六']])
XYZ = XYZ.T  #根据 corrcoef 的计算规则，需要将数组进行转置
print(np.corrcoef(XYZ))  #计算所有变量之间的线性相关系数
```

输出的结果如下：

```
[[1.         0.8153683 0.62191076 0.65746681 0.63848883
  0.65815609 0.83953426]
 [0.8153683 1.         0.80543095 0.832447   0.87083769
  0.91108061 0.86033335]
 [0.62191076 0.80543095 1.         0.54036269 0.68546115
  0.78019813 0.57092358]
 [0.65746681 0.832447   0.54036269 1.
```

```
 0.85440786 0.77263994 0.74355756]
[0.63848883 0.87083769 0.68546115 0.85440786 1.
 0.83178667 0.76105963]
[0.65815609 0.91108061 0.78019813 0.77263994 0.83178667
 1.         0.75731274]
[0.83953426 0.86033335 0.57092358 0.74355756 0.76105963
 0.75731274 1.        ]]
```

其中第 i 行第 j 列的数据为第 i 个变量和第 j 个变量之间的线性相关系数，例如“学期一”和“学期二”之间的相关系数为 0.80543095。

这里需要再次强调，线性相关系数只是最简单和常用的描述两个变量相关性的定量指标，在有些时候它不一定能够完全展现出变量之间的相关性，例如前文所述图 5-8（f）中的非线性关系以及上文中所说明的二次函数的反例。当在处理实际问题的数据时，具体采用哪些相关性指标，还需要去查阅更多资料，具体问题做具体分析。

步骤三：建立变量间的回归模型

在对单个变量进行描述性统计和对变量之间进行相关分析后，一般情况下，需要对数据进行模型建立。一种最简单的模型是回归模型，即用简单函数关系描述两个变量和多个变量之间的关系。对于表 5-1，采用可视化方法，可以绘制“学习时间”与“学期一”成绩的散点图，如图 5-10 所示。

在图 5-10 中可以发现，“学习时间”和“学期一”成绩的点可能分布在某一条直线周围，所以可以近似用一条直线来描述，可以使用 Python 尝试建立线性回归模型。

为了避免徒手计算模型的参数，可以使用 Scikit-Learn 库（sklearn 库）中自带的线性回归 LinearRegression 函数实现线性回

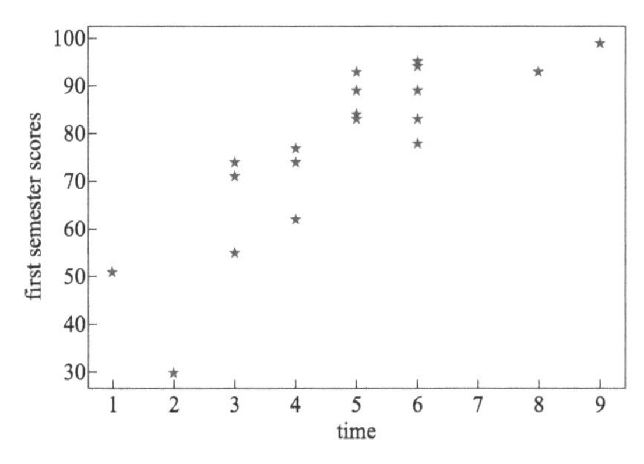

图 5-10 “学习时间”与“学期一”成绩散点图

归，相应的 Python 代码如下：

```
import numpy as np
import matplotlib.pyplot as plt
import pandas as pd
from sklearn.linear_model import LinearRegression
data = pd.read_csv(" 某班学生成绩表 .csv", header = 0,
index_col = 0)  # 读取数据
X = data[' 学习时间 ']
X = np.array(X).reshape(-1,1)
y = data[' 学期一 ']
clf = LinearRegression() #使用 sklearn 自带的 LinearRegression
clf.fit(X,y)  # 进行线性回归
y_predict = clf.predict(X)  # 由回归模型计算学期一成绩
print(" 直线的斜率为: ",clf.coef_)  # 打印直线的斜率
print(" 直线的系数为: ",clf.intercept_)  # 打印直线的截距
plt.plot(X, y,'r*')  # 画出学期一的真实数据
plt.plot(X, y_predict, 'b-')  # 画出预测模型
plt.xlabel("time",fontsize = 10)
plt.ylabel("first semester scores",fontsize = 10)
plt.show()
```

程序执行的结果与图如下所示：

```
直线的斜率为： [7.52023121]
直线的系数为： 42.25289017341041
```

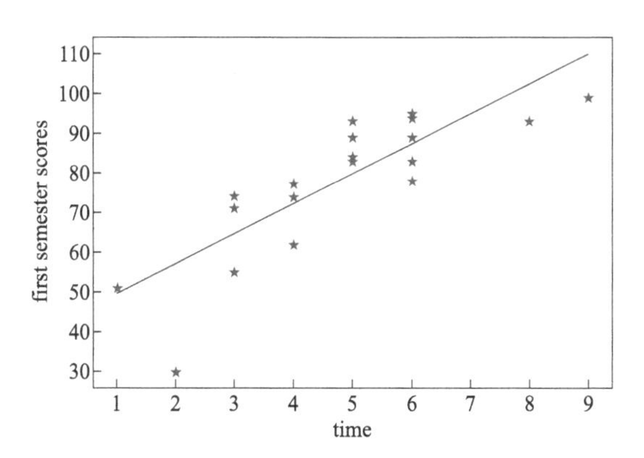

模型对应的直线为：学期一成绩 = 学习时间 ×7.52+42.25。说明依据此模型，学习时间每增加 1 小时，成绩会增加 7.52 分。

一般情况下，对于现实应用，没有必要对“概率”和“统计”进行特别明确的区分。概率研究问题的对象是“随机试验”，当使用概率统计的方法处理数据时，需要假设数据是通过“随机试验”得到的，且满足“独立同分布”的假设。只有在独立同分布的假设下，才能基于“大数定律”和“中心极限定理”计算样本的统计量（例如样本均值、方差），并用样本的统计量估计总体的“理论值”。

需要强调的是，在本书中省略的“置信度估计”和“假设检验”在统计学中也是非常重要的，其中涉及的“P 值”的概念在统计学中非常常用，用来说明用样本估计总体的靠谱程度，即统计推断有多大可能性满足“中心极限定理”。关于置信度估计和检验解释起来需要较大篇幅，在本书中省略，有兴趣的读者可以自己去阅读相关书籍。

在概率统计中，假设拿到的数据是从一个假设的总体中通过随机试验抽样得到的，这时候需要“大数定律”和“中心极限定理”来说明用样本的统计量估计总体的统计量这件事情是靠谱的。但是，在当今时代，随着数据收集和存储能力的飞速增强，在很多场景中拿到的数据都可以假设就是“总体”或者“接近总体”的数据，这时候就不用再假设数据是从总体中抽样得到的，也不用再去说明用样本估计总体的靠谱程度，而是可以更加关注如何进行模型的建立。

机器学习的基本假设是能够拿到“总体”或者“接近总体”的数据，也是使用机器学习方法和统计学方法处理数据的核心区别之一。在机器学习中，不再关注“独立同分布”假设和用“大数定律”与“中心极限定理”去估计合理性，也不再使用“置信度估计”“假设检验”等，而是更加关注面对数据如何建立模型。

第6章 非结构化数据的结构化

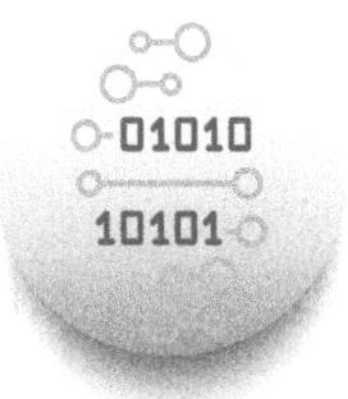

6.1 用“二维表”的结构理解数据

之前提到了数据的一种常见表现形式：二维表。通过二维表介绍了一些与数据相关的基本概念，例如“变量”“样本”“表头”“序号列”等。在实际生活中，计算机可能存储的数据是多种多样的，有些数据未必是用二维表存储和表示的。例如，一段段文字可以组成一个文字数据集，几百首风格相同的歌可以组成一个歌曲库，若干张风格相同的图片可以组成一个图片数据集……这些数据都可以存储在计算机中。应该如何看待这些数据呢？

在这里笔者建议，对于一些结构简单的数据集，不管数据呈现是以何种形式（文字、音频、图片），从数据分析的角度，都可以使用二维表中的“变量”“样本”“表头”“序号列”来分析数据集的基本组成结构。

这里先举一个将十字相乘数据集看作是一个二维表的案例进行简单说明。在初中数学学习过程中，在学习因式分解时，曾经学过“十字相乘法（cross multiplication）”。为了让同学们熟悉十字相乘法的运算流程，老师们一般会出一些题目让学生熟悉十字相乘法，这就构成了一个十字相乘数据集。表 6-1 提供了一个十字相乘数据集的样例。

表 6-1　十字相乘数据集

序号	题目	答案
1	$9x^2+18x-16$	$(3x+8)(3x-2)$
2	$-x^2+3x+4$	$(x-4)(-x-1)$
3	$35x^2+69x+28$	$(5x+7)(7x+4)$
……	……	……

在表 6-1 中，每一个样本就是一个包含“题目”和“答案”两个变量的十字相乘题。数学老师们可以把题目印出来发给学生，再根据答案判断对错。

公式在计算机中，一般使用 Tex 语法进行存储。例如 $9x^2+18x-16$ 对应的 Tex 书写方式为 `$9x^2+18x-16$`，两个 $ 中间的部分即为公式。这个时候，再使用 Tex 编译器，例如嵌入在 Microsoft Word 中的 MathType，将公式选中，按“ALT+\”，即可将 Tex 语法格式书写公式显示成表 6-1 中公式的样子。

这样的十字相乘数据集，可以依靠 Excel 生成。在生成十字相乘数据集时，首先想到因式分解是整式乘法的逆过程。对于因式分解，无论是人类还是计算机，只能去尝试哪些因式符合条件进行求解，这样的尝试运算代价太大。而对于整式乘法，由于其有确定的运算规则和运算过程，所以更容易生成。因此，应该首先想到生成整式乘法的样本，然后把题目当答案，把答案当题目，即可得到因式分解的题目。

对于十字相乘数据集，在思考生成一个完整数据集之前，应该先想到如何生成一个样本。对于单个样本，其形式为：

$$ax^2+bx+c=(px+q)(mx+n)$$

一个十字相乘的样本，应该包含 a,b,c,p,q,m,n 这七个变量，这七个变量之间并不是完全独立的，应满足如下的数学关系：

$$a=pm,\ b=pn+qm,\ c=qn$$

所以只需要生成 p,q,m,n 的非零随机整数值即可。在 Excel 里可以使用 RANDBETWEEN(Bottom,Top) 命令生成 Bottom 和 Top 之间的随机整数值。为了保证是非零整数，可以让 [Bottom,Top] 这个区间不覆盖 0，然后再相应乘上 +1 或者 −1 改变符号即可。例如，在 Excel 中可以使用如下命令生成 [−7,7] 之间的非零整数：

```
=RANDBETWEEN(1,7)*(1-2*RANDBETWEEN(0,1))
```

有兴趣的读者可以思考，为什么上面的式子可以生成 [−7,7] 之间的非零整数？

在 p,q,m,n 生成后，可以计算出 a,b,c 的值，然后通过 Excel 自带的字符串合并，可以得到“十字相乘答案”和“十字相乘题目”列：

答案列：
```
="$("&B2&"x"&IF(C2>0,"+"&C2,C2)&)"&"("&D2&"x"&IF(E2>0,"+"&E2,E2)&")$"
```

题目列：
```
="$"&G2&"x^2"&IF(H2>0,"+","")&H2&"x"&IF(I2>0,"+","")&I2&"$"
```

最后的生成结果如表 6-2 所示。将结果复制到 Word 中，再使用 Mathtype 等编译工具选中后按住“ALT+\”编译即可。有兴趣的读者也可以尝试使用 Python 编程实现题目和答案的自动生成过程，生成思路与 Excel 中的生成思路类似。

表 6-2　十字相乘数据集的生成过程

序号	*p*	*q*	*m*	*n*	十字相乘答案	*a*	*b*	*c*	十字相乘题目
1	−5	5	−7	2	$(−5x+5)(−7x+2)$	35	−45	10	$35x^2−45x+10$
2	8	7	−9	5	$(8x+7)(−9x+5)$	−72	−23	35	$−72x^2−23x+35$
3	−1	1	−3	1	$(−1x+1)(−3x+1)$	3	−4	1	$3x^2−4x+1$
4	2	−3	−5	−6	$(2x−3)(−5x−6)$	−10	3	18	$−10x^2+3x+18$
……	……	……	……	……	……	……	……	……	……

6.2 图像即矩阵

6.2.1 用矩阵视角打开图像

图像是视觉信息的重要信息载体，人们日常所见的属于可见光成像，除此之外，红外线、紫外线、微波以及 X 射线等非可见光也可以成像。

图像可以分为模拟图像和数字图像两种类型。模拟图像是指客观表示的图像，比如照片、印刷品、画册等，这样表示出来的空间，其坐标属于一种连续型的变量，这种连续型使得其图像无法通过计算机进行处理。

对模拟图像数字化处理后就可以得到数字图像，数字图像的坐标空间值属于离散型变量。图像是二维分布的信息，可以用二维的像素矩阵（加上时间维度后，图像则变为视频）进行表示，这种离散化也被称为采样。

对图片采样时，如果每行像素是 m 个，每列的像素是 n 个，则图像大小为 $m \times n$ 个像素，即图像的分辨率。分辨率不同，图像的质量也不相同，随着分辨率的降低，图像的清晰度也会下降，如图 6-1（a）所示，每一个小格均代表像素。

通过采样将图像变为了一个个离散的像素，再将每个像素中所含的明暗信息离散化后用数值进行量化，比如采用 2^8 的 8 位量化方法，即从 0 到 255 量化描述从黑到白。这种图像称为灰度图像，如图 6-1（b）所示，每一个像素中均有对应的数值。最终，一幅灰度图片就可以用一个 0 至 255 的数字矩阵进行表示，如图 6-1（c）所示。

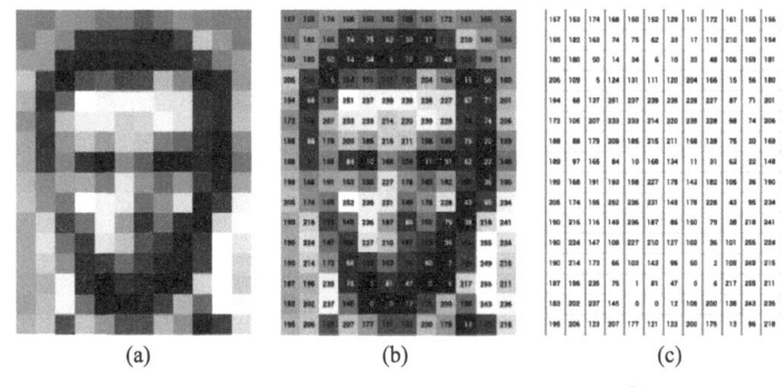

图 6-1　以像素值矩阵表示的灰度图像[1]

灰度图像中不包含色彩，所以无法用于自然图像。但是数据量较少，处理起来比较方便，在一些领域中仍然得到广泛使用。

如果图像的像素值为 0 或 1，通常表示黑白两种颜色，称其为二值图像，如图 6-2 所示。由于二值图像非常简单，尤其是在做一些目标检测时只需判断有无，因此在特定的领域内依然使用着二值图像。

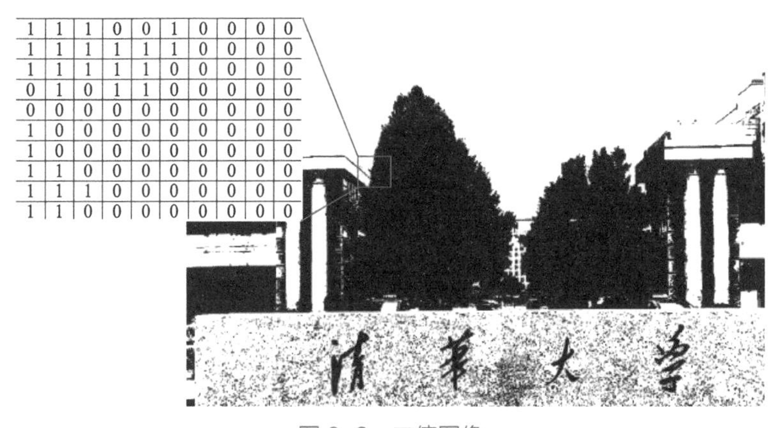

图 6-2　二值图像

[1] Wevers M,Smits T. The Visual Digital Turn: Using Neural Networks to Study Historical Images. Digital Scholarship in the Humanities,2020, 35(01): 194–207.

主流的数字化图像存储格式，是将图像中的每一种颜色通过红、绿、蓝三原色组成的数组来表达，分别构成了该色彩的 RGB 值，也称为三原色光模式，如图 6-3 所示。如果把一幅图像中每个像素点的 RGB 值提取出来，则将图转变为 3 幅灰度图像。

三原色的表现由一定范围的整数表示，如果是主流的 8bit 位图表现法，数值的取值范围就是 0~255(总共 2^8 个数字)，如图 6-3 所示是 2^{24}（ ≈ 1670 万 ）种颜色，因此也被称为 24 位真彩色。近年来手机和显示器屏幕的技术在不断升级，对颜色的表现精度要求不断提高，有的屏幕已经可以展现 10bit 位图（ 2^{30} ≈ 10.7 亿种颜色 ），甚至 12bit 位图（ 约 687 亿种颜色 ）。

图 6-3　RGB 图像

图 6-4 是一张 32 × 32 像素的清华大学二校门的 RGB 图片，此处将演示如何将这一张图片转换成二值图像与灰度图像，并获得其数字矩阵。

将图片转成二值、灰度图像并获取相应的矩阵信息时，可以利用 PIL 库，它是一个具有强大图像处理能力的第三方库。

利用 Image.open( ) 读取图片，利用“.convert( )”将图片转换成特定格式，再用“np.array( )”进行数组转换。其中，“.convert( )”括号内的参数 1 表示黑白图像，参数 L 表示灰度图像，RGB 表示

图 6-4　32×32 像素的清华大学二校门 RGB 图像

真彩色图像。

```
import matplotlib.pyplot as plt
from PIL import Image
import numpy as np
img = np.array(Image.open("Pic01.jpg").convert("1"))
print(img)
plt.imshow(img, cmap='gray')
plt.show()
```

结果显示如下：

```
[[ True  True  True ...  True  True  True]
 [ True False  True ... False  True  True]
 [ True  True  True ...  True  True False]
 ...
 [ True False  True ... False False  True]
 [False  True False ... False False False]
 [False False  True ... False  True False]]
```

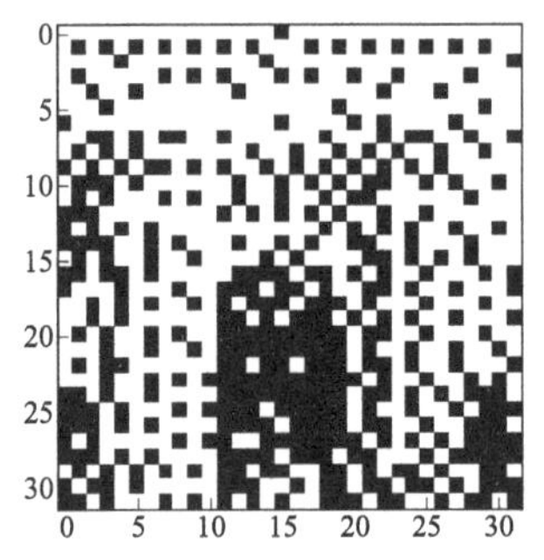

可以将代码 img = np.array(Image.open("Pic01.jpg").convert("1"))中的参数 "1" 替换为 "L"，则可以获得灰度图像的数值矩阵与灰度图像，结果如下。

```
[[185 186 187 ... 202 203 204]
 [187 189 187 ... 204 204 204]
 [189 191 190 ... 205 206 206]
 ...
 [113 129  89 ...  38  33  93]
 [ 89 102  96 ...  45  39  92]
 [ 74  79  87 ...  61  63  70]]
```

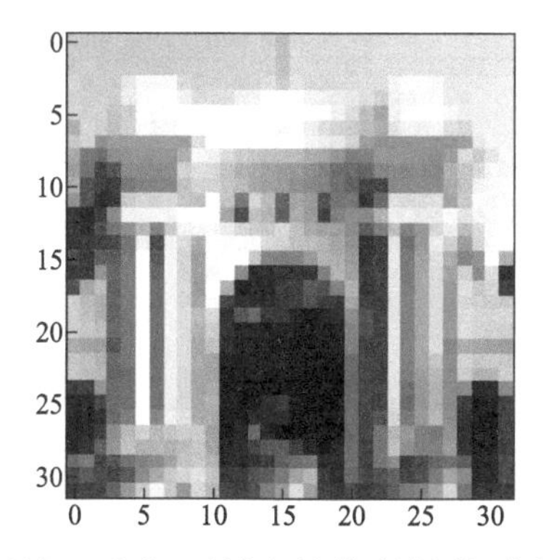

对于 RGB 图片，我们可以直接将其转换成数组的形式。

```
import matplotlib.pyplot as plt
from PIL import Image
import numpy as np
img = np.array(Image.open("Pic01.jpg"))
print(img.shape)       # 显示输出数据的形式
print(img[:, :, 0])    # 提取第 1 个数组
print(img[:, :, 1])    # 提取第 2 个数组
print(img[:, :, 2])    # 提取第 3 个数组
plt.imshow(img)
plt.show()
```

结果如下所示，从结果中可以看到，RGB 图片的数值是由 3 个 32×32 的数组构成的。

```
(32, 32, 3)
[[156 158 159 ... 181 178 182]
 [158 160 160 ... 183 183 183]
 [164 164 163 ... 185 188 185]
 ...
 [137 156  99 ...  31  27  75]
 [ 95 108  93 ...  38  28  72]
 [ 66  73  83 ...  51  56  62]]
[[190 191 191 ... 206 209 209]
 [192 194 191 ... 208 209 208]
 [192 195 194 ... 208 209 210]
 ...
 [109 123  86 ...  40  34  97]
 [ 88 101  96 ...  46  41  96]
 [ 76  79  86 ...  63  64  72]]
[[236 236 238 ... 237 240 239]
 [238 242 238 ... 238 236 238]
 [239 242 238 ... 240 238 240]
 ...
 [ 69  88  77 ...  47  40 118]
 [ 82  95 101 ...  57  57 120]
 [ 86  93 101 ...  79  77  82]]
```

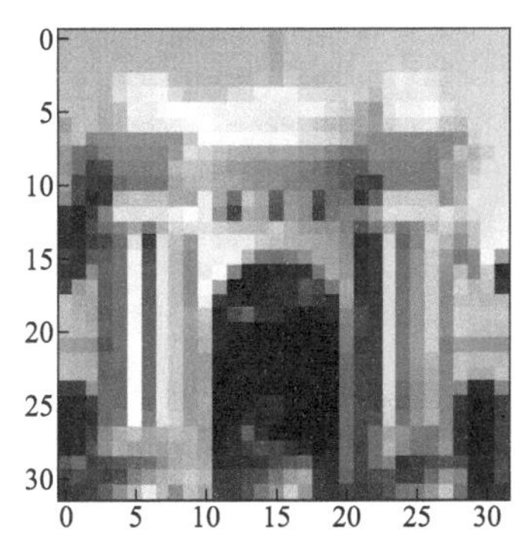

6.2.2　图像特征的处理

前文已经介绍了一些关于图像到矩阵的基础知识，对图像相关内容感兴趣的读者可以进一步参阅其他书籍或本系列丛书的《视觉感知：深度学习如何知图辨物》。下面的内容将借用 MNIST（mixed national institute of standards and technology database）手写数字图像数据集对图像特征的基本处理方式进行简单的说明。

MNIST 手写数字图像数据集，来自美国国家标准与技术研究所（National Institute of Standards and Technology，NIST），它是图像识别入门的一个最常见的数据集，该数据集被广泛用于机器学习领域的训练和测试。当然，它也经常被用作反向传播的训练和测试。

该数据集来自 250 个不同的人的手写笔迹，其中一半是高中生，另一半是人口普查局的工作人员。该数据集可以从 *THE MNIST DATABASE* 网站下载，一些主流神经网络架构（如 TensorFlow、PyTorch 等）也提供了单独的加载函数，方便入门使用。

数据集分为训练集（6 万个数据样本）和测试集（1 万个数据样本），各自都包含图像和标签两个文件。文件名如下：

- 训练数据图像：train-images-idx3-ubyte.gz
- 训练数据标签：train-labels-idx1-ubyte.gz
- 测试数据图像：t10k-images-idx3-ubyte.gz
- 测试数据标签：t10k-labels-idx1-ubyte.gz

杨立昆等学者 1998 年提出 LeNet-5 网络时所采用的就是 MNIST 数据集，如图 6-5 所示[1]。该数据集在机器学习和深度学习领域内被广泛使用，除了像卷积神经网络这样的深度学习使用外，在如 k 近邻算法、支持向量、神经网络等这样的传统机器学习中也有很多的应用。

数据集中的每一个手写数字图像数据都由 28×28=784 个像素组成灰度图像，像素的值介于 0 ～ 255 之间，每个图像均有对应的标签数据。

[1] Lecun Y, Bottou L, Bengio Y, et al. Gradient-Based Learning Applied to Document Recognition. In Proceedings of the IEEE,1998, 35(11): 2278-2324.

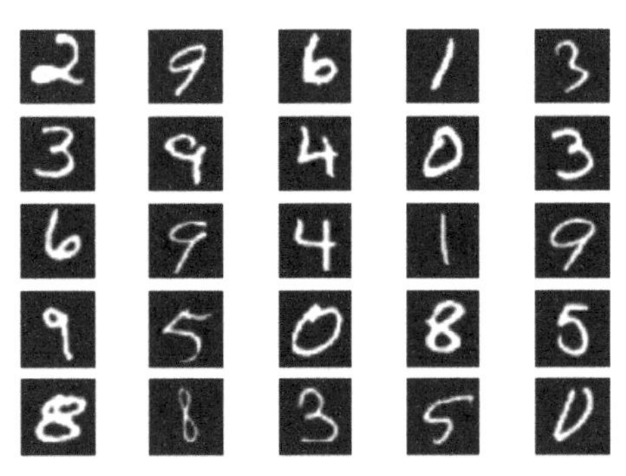

图 6-5　MNIST 数据集的示例图像

例如，图 6-6 给出的就是数字图像格式。这样，一个图像数字就可以由 784 个 0 ～ 255 之间的数字表示出来。可以想象，数据集其实包含 784 个特征向量，空间维度显然大大增加。手写数字识别的任务是要辨别出手写数字的值，输出的结果是 0 ～ 9 之间的数，因此这属于“十分类”问题。

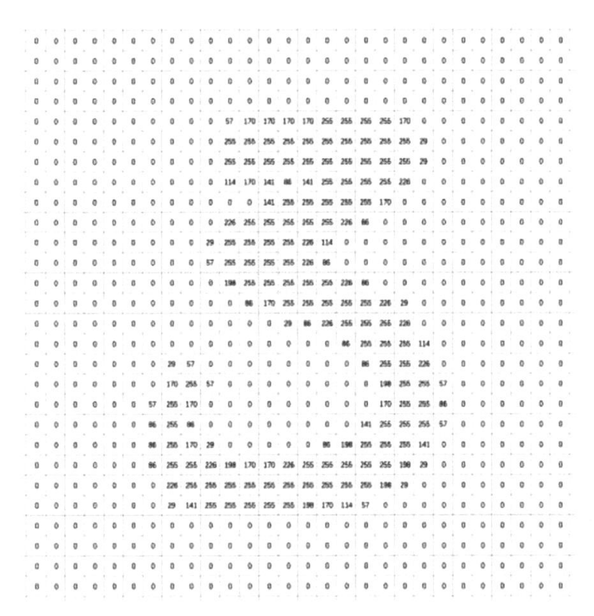

图 6-6　某数字图像格式

可以利用前馈全连接神经网络解决这样的 28×28 的手写数字识别问题，假设使用了一个具有两个隐藏层，且每层均为 784 个节点，示意图如图 6-7 所示，那么这个神经网络的权重（不考虑偏置的情况）有多少个呢？

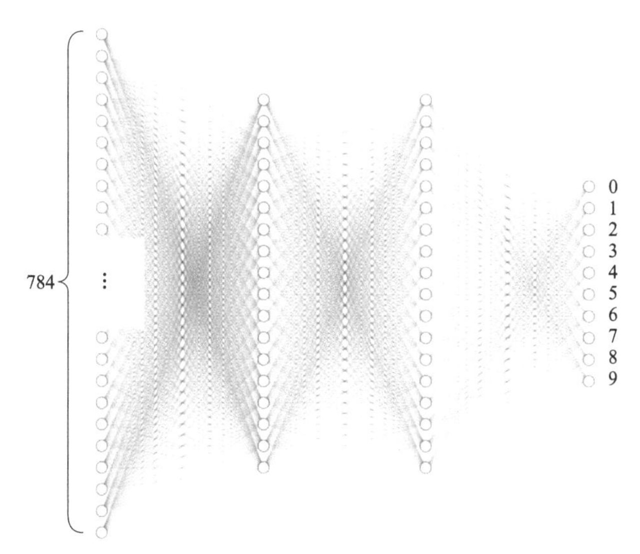

图 6-7　全连接层的参数“爆炸”

答案约为 124 万（784×784+784×784+784×10）个参数。随着网络层数与节点数的增加，参数也在爆发式增长。尽管理论上已经证明一个神经网络可以逼近任何函数，然而现实中这种网络结果显然不适应高像素图像的需求。

大量的连接意味着：首先，计算需要大量的处理时间。其次，大量的权重可能会产生过拟合等问题。解决这种高维问题首先想到的就是能否对数据进行降维。

这里可以利用前文介绍的主成分分析方法对原 784 个特征进行降维处理。图 6-8 给出了主成分分析的碎石图，从图中可以看出，如果以 85% 累积贡献率代表原数据，所需要的主成分实际上并不是很多。实际上，前 60 个主成分的累积贡献率就已经超过了 85%，前 100 个主成分的累计贡献率更是达到了 91.50%。

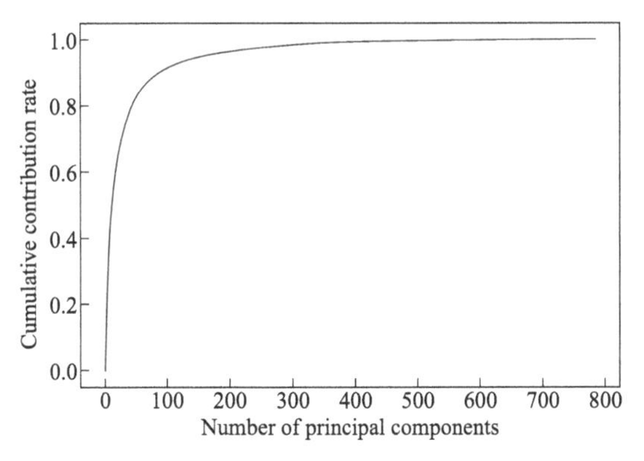

图 6-8　主成分分析碎石图

这里也许有的读者会有一个疑问，100 个主成分特征与原有 784 个特征进行建模分析，是不是前者的识别率将大打折扣？实际上根据测试，利用降维后的 100 个特征进行分析，不但时间上大大缩短，在某些传统机器学习算法上，无论是训练集还是测试集均表现出了比原始数据分析更好的正确率。

主成分降维获取新特征的方法尽管比较通用，但是考虑到图像有其特殊性，比如局部不变性特征等，即缩放、平移、旋转等对语义信息不产生影响，是全连接网络结构等其他算法很难处理的。因此受到生物学感受野、人类视觉神经系统以及其他相关知识的启发，一些学者也提出了像卷积神经网络的结构，更能有效地处理图像。

杨立昆等学者在其论文中提出了如图 6-9 所示的网络结构。从图 6-9 中可以看出网络结构中使用了卷积（convolution）与下采样（subsampling）等操作。实际上，这两种操作的不断交迭就是在完成对图像特征地提取。

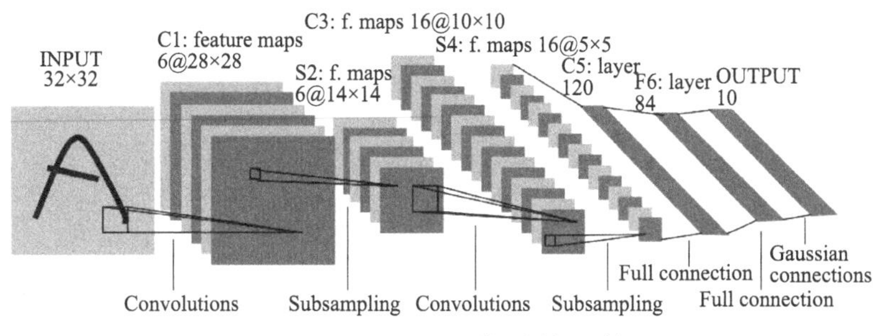

图 6-9 LeNet-5 卷积神经网络

（INPUT/OUTPUT: 输入 / 输出；feature maps ： 特征图；Convolutions ： 卷积；Subsampling ： 降采样；Full connection ： 链接；Gaussian connections ： 高斯连接）

在网络结构中，卷积层的作用是提取一个局部区域的特征，不同的卷积核相当于不同的特征提取器。如图 6-10 所示，当卷积核从图片的局部“滑”过时，映射出了新的数值。

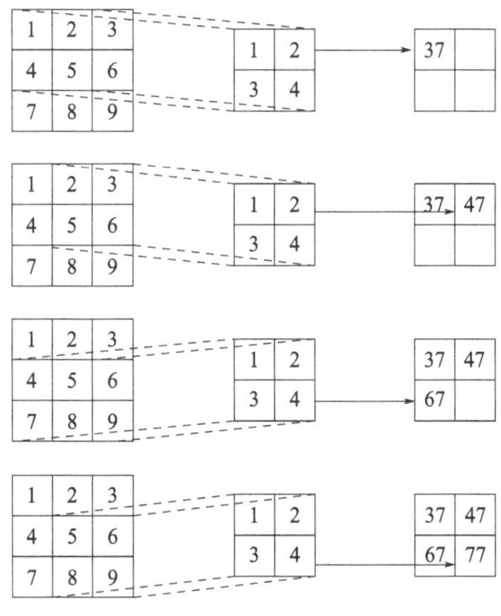

图 6-10 卷积操作

下采样也称为池化（pooling），它的作用是进行特征选择，从而降低特征数量达到减少参数的目的。通常池化主要分为最大池化与平均池化，前者是选择某区域最大的值作为该区域的特征值，后者则是选择该区域的平均值作为特征。图 6-11（a）为 2×2 最大池化操作，图 6-11（b）为 2×2 平均池化操作。

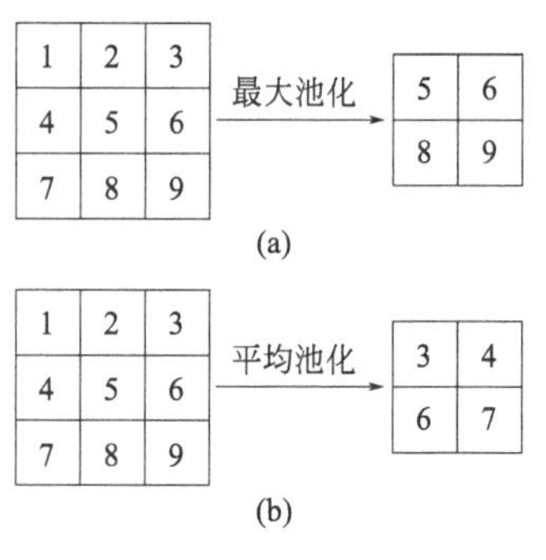

图 6-11　池化操作

6.3　文本的向量之路

6.3.1　文本的分词、清洗与整理

汉语是通过语素分析进行词语分解的，也就是基于词典识别词语进行分词，它将文档中的字符串与词典中收录的词语逐一匹配，如果字符串属于词典，则匹配成功，进行分词，否则无法分词。

这种分词的方式简单、实用，但缺点就是无法保障词典的完备性。另外，假如词典中没有收录某词语，比如“中国人工智能学会”一词，那么就无法将该词作为一个整体提取出来，而可能是将其进行拆分，如下所示：

中国人工智能学会 / 在 / 北京 / 召开 / 大会

中国 / 人工智能 / 学会 / 在 / 北京 / 召开 / 大会

基于语法分词也是分词方式的一种，它是在分词时借助句法

和语义信息。由于对语法知识要求很高，这种分词方法的精度并不是十分理想。基于统计的分词是通过字符串在语料库中出现的频率以及相邻词出现的概率进行分词。

分词十分重要，其中学问也博大精深，感兴趣的读者可以参考其他书籍或是参看《中文分词十年回顾》《中文分词十年又回顾：2007—2017》等相关文献[1]。

分词涉及粒度问题。粗粒度分词是将词作为语言的最小单位进行分词，细粒度分词则是在粗粒度分词基础上对词内部的语素进行再次分词。粗粒度分词时会将一些词作为一个整体，而细粒度则还要求对该词的各个语素进行分词。

这里简单介绍下最常用的工具之一——jieba。jieba，中文也称结巴，当将词一个个分开，有些词甚至还会出现多种形式时，说起来就像结巴一样，十分形象。

jieba 库是一款优秀的 Python 第三方中文分词库，不是 Python 安装包自带的，如果电脑中没有安装 jieba 库的话，可以使用下方 pip 指令进行安装：

```
!pip install jieba
```

jieba 提供了三种分词模式：

① 精确模式。试图将句子最精确地切开，适合文本分析。

② 全模式。把句子中所有可以成词的词语都扫描出来，速度非常快，但是不能解决歧义。

③ 搜索引擎模式。在精确模式的基础上对长词再次切分，提高召回率，适合用于搜索引擎分词。

在全模式和搜索引擎模式下，jieba 将会把分词的所有可能都

[1] 黄昌宁，赵海 . 中文分词十年回顾 . 中文信息学报，2007, 21(3): 8-19.

打印出来。一般直接使用精确模式即可，但是在某些模糊匹配场景下，使用全模式或搜索引擎模式更适合。

通过调用 jieba 库，可以对人工智能的一段评论进行不同类型的分词。

```
import jieba
seg_str = "人工智能是研究使计算机来模拟人的某些思维过程和智能行为的学科，如学习、推理、思考、规划等，主要包括计算机实现智能的原理、制造类似于人脑智能的计算机，使计算机能实现更高层次的应用。人工智能将涉及计算机科学、心理学、哲学和语言学等学科，可以说几乎是自然科学和社会科学的所有学科，其范围已远远超出了计算机科学的范畴。"
print("/".join(jieba.lcut(seg_str)))  #精确模式
```

精确模式分词结果下：

人工智能 / 是 / 研究 / 使 / 计算机 / 来 / 模拟 / 人 / 的 / 某些 / 思维过程 / 和 / 智能 / 行为 / 的 / 学科 / ，/ 如 / 学习 /、/ 推理 /、/ 思考 /、/ 规划 / 等 / ， / 主要 / 包括 / 计算机 / 实现 / 智能 / 的 / 原理 /、/ 制造 / 类似 / 于 / 人脑 / 智能 / 的 / 计算机 / ， / 使 / 计算机 / 能 / 实现 / 更 / 高层次 / 的 / 应用 /。/ 人工智能 / 将 / 涉及 / 计算机科学 /、/ 心理学 /、 / 哲学 / 和 / 语言学 / 等 / 学科 / ， / 可以 / 说 / 几乎 / 是 / 自然科学 / 和 / 社会科学 / 的 / 所有 / 学科 / ， / 其 / 范围 / 已 / 远远 / 超出 / 了 / 计算机科学 / 的 / 范畴 /。

通过引入“cut_all=True”，可以得到全模式的分词结果。

```
print("/".join(jieba.lcut(seg_str, cut_all=True)))
#全模式
```

全模式分词结果如下：

人工 / 人工智能 / 智能 / 是 / 研究 / 使 / 计算 / 计算机 / 算机 / 来 / 模拟 / 拟人 / 的 / 某些 / 思维 / 思维过程 / 过程 / 和 / 智能 / 能行 /

行为 / 的 / 学科 / , / 如 / 学习 / 、 / 推理 / 、 / 思考 / 、 / 规划 / 等 / , / 主要 / 包括 / 计算 / 计算机 / 算机 / 实现 / 智能 / 的 / 原理 / 、 / 制造 / 类似 / 于 / 人脑 / 智能 / 的 / 计算 / 计算机 / 算机 / , / 使 / 计算 / 计算机 / 算机 / 机能 / 实现 / 更 / 高层 / 高层次 / 层次 / 的 / 应用 / 。 / 人工 / 人工智能 / 智能 / 将 / 涉及 / 计算 / 计算机 / 计算机科学 / 算机 / 科学 / 、 / 心理 / 心理学 / 理学 / 、 / 哲学 / 和 / 语言 / 语言学 / 等 / 学科 / , / 可以 / 说 / 几乎 / 是 / 自然 / 自然科 / 自然科学 / 科学 / 和 / 社会 / 社会科学 / 科学 / 的 / 所有 / 学科 / , / 其 / 范围 / 已远 / 远远 / 超出 / 了 / 计算 / 计算机 / 计算机科学 / 算机 / 科学 / 的 / 范畴 / 。

加入“lcut_for_search”语句，可以实现搜索引擎分词模式。

```
print("/".join(jieba.lcut_for_search(seg_str)))## 搜索引擎模式
```

搜索引擎分词模式结果如下：

人工 / 智能 / 人工智能 / 是 / 研究 / 使 / 计算 / 算机 / 计算机 / 来 / 模拟 / 人 / 的 / 某些 / 思维 / 过程 / 思维过程 / 和 / 智能 / 行为 / 的 / 学科 / , / 如 / 学习 / 、 / 推理 / 、 / 思考 / 、 / 规划 / 等 / , / 主要 / 包括 / 计算 / 算机 / 计算机 / 实现 / 智能 / 的 / 原理 / 、 / 制造 / 类似 / 于 / 人脑 / 智能 / 的 / 计算 / 算机 / 计算机 / , / 使 / 计算 / 算机 / 计算机 / 能 / 实现 / 更 / 高层 / 层次 / 高层次 / 的 / 应用 / 。 / 人工 / 智能 / 人工智能 / 将 / 涉及 / 计算 / 算机 / 科学 / 计算机 / 计算机科学 / 、 / 心理 / 理学 / 心理学 / 、 / 哲学 / 和 / 语言 / 语言学 / 等 / 学科 / , / 可以 / 说 / 几乎 / 是 / 自然 / 科学 / 自然科 / 自然科学 / 和 / 社会 / 科学 / 社会科学 / 的 / 所有 / 学科 / , / 其 / 范围 / 已 / 远远 / 超出 / 了 / 计算 / 算机 / 科学 / 计算机 / 计算机科学 / 的 / 范畴 / 。

从分词结果可以看出，三种分词模式给出的分词略有不同。精确模式可以将文本“精确”划分，没有词语上的冗余，适合文本分析。全模式则是尽可能“全面”地给出所有单词，不可避免地存在很多冗余。而搜索引擎模式则是在精确模式的基础之上，再进行一次长词的分词，提高召回率，适合用于搜索引擎分词。

在分词的过程中，一些新出现的词语在语料库中往往是不存在的，如果人工智能无法识别，将会影响到分析的结果，因此还要向人工智能传递新的词汇，此时追加语料库操作就十分必要。下面的代码是对一条新闻进行了分词。

```
import jieba
str = " 地摊经济，是指通过摆地摊获得收入来源而形成的一种经济形式。"
print("/".join(jieba.lcut(str)))
```

从结果来看，人工智能此时并不知道“地摊经济”，因此在分词时并未将其作为一个整体，结果如下所示：

```
地摊 / 经济 /，/ 是 / 指 / 通过 / 摆地摊 / 获得 / 收入 / 来源 / 而 / 形成 / 的 / 一种 / 经济 / 形式 /。
```

当向语料库中追加了这些词后，人工智能有了新的知识，从而再分词时就能识别出这些词语。可以通过下面的代码向词典中追加词语。

```
jieba.add_word(" 地摊经济 ")
```

此时再对该句新闻进行分词时，可以发现“地摊经济”不再作为“地摊”“经济”两个词语出现，而是变成一个词语。结果如下：

```
地摊经济 /，/ 是 / 指 / 通过 / 摆地摊 / 获得 / 收入 / 来源 / 而 / 形成 / 的 / 一种 / 经济 / 形式 /。
```

从上面的分词结果可以看出，分词中出现了如“这”“的”“了”“可以”等字或词。与其他词相比，这些词虽然极

其普遍，但又没有什么实际意义。在文本数据的分析中，这些词或字基本没有什么帮助，所以在进行正式的文本数据分析之前，要对它们进行清洗和整理。

这些词或字还有另一个名称：停用词（stop words）。之所以称它们为停用词，是因为在文本处理过程中如果遇到它们，则立即停止处理，将其扔掉。

停用词是指在信息检索中，为了节省存储空间和提高搜索效率，自动过滤掉的某些字或词。停用词主要包括英文字符、数字、数学字符、标点符号及使用频率极高的单汉字等。

去除停用词的思想，就是在原始的文本中，去掉不需要的词语、字符。虽然有通用的停用词表，但是如果想提高后续的分词效果，还是自己建立停用词表比较好。建立停用词表，实际上就是在文本文件中，输入想要删除的词，每个词用空格隔开即可，可以换行。

本节中，使用了一个包含 1893 个停用词的停用词表，来对文本数据进行清洗。停用词表内包含了不需要的符号，以及一些没有具体意义的词。将停用词表存储在 ting.txt 文件中。

此处文本数据选择的是朱自清的文章《荷塘月色》。接下来对文本数据进行清洗与整理，比较长的文章不适合直接在程序中进行处理，可以将《荷塘月色》的译文存放到 htys.txt 中，然后通过读取文本文件的方式，对文本数据进行处理。

先读取 htys.txt 文本文件，然后调用 jieba 库对《荷塘月色》译文文本进行分词，并将分词结果存放在 seg_1 列表中。

```
# 调用 jieba 库对每句话进行分词
import jieba

# 以字节（二进制）方式读取文件中的数据
```

```
content = open("htys.txt",'rb')

# 调用 jieba 库对每行句子进行分词，并存入列表
seg_1=[jieba.lcut(con) for con in content]
```

考虑到篇幅问题，可以观察部分段落分词后的效果。

```
['这', '几天', '心里', '颇', '不', '宁静', '。', '今晚', '在', '院子', '里', '坐', '着', '乘凉', '，', '忽然', '想起', '日日', '走过', '的', '荷塘', '，', '在', '这', '满月', '的', '光里', '，', '总该', '另', '有', '一番', '样子', '吧', '。', '月亮', '渐渐', '地', '升高', '了', '，', '墙外', '马路上', '孩子', '们', '的', '欢笑', '，', '已经', '听不见', '了', '；', '妻在', '屋里', '拍', '着', '闰儿', '，', '迷迷糊糊', '地', '哼', '着', '眠', '歌', '。', '我', '悄悄地', '披', '了', '大衫', '，', '带上', '门', '出去', '。', '\n'], ['沿着', '荷塘', '，', '是', '一条', '曲折', '的', '小', '煤屑', '路', '。', '这是', '一条', '幽僻', '的', '路', '；', '白天', '也', '少人', '走', '，', '夜晚', '更加', '寂寞', '。', '荷塘', '四面', '，', '长着', '许多', '树', '，', '蓊蓊郁郁', '的', '。', '路', '的', '一旁', '，', '是', '些', '杨柳', '，', '和', '一些', '不', '知道', '名字', '的', '树', '。', '没有', '月光', '的', '晚上', '，', '这', '路上', '阴森森', '的', '，', '有些', '怕人', '。', '今晚', '却', '很', '好', '，', '虽然', '月光', '也', '还是', '淡淡的', '。', '\n']
```

可以看到，分词后的列表中有大量的标点符号，以及“了”“的”等没有意义的词，接下来将去除这些停用词。

首先遍历停用词文件的每一行，删除字符串头和尾的空白字

符（包括 \n，\r，\t 也加到停用词集合里），接下来遍历刚才分好的文本列表的每一行，再遍历每一行的每一个单词，如果这个单词不在停用词集合中，那么就将这个词放到新的行列表中，最后将所有行列表存入文本列表。

```
# 建立空集合
punctuation = set()

# 遍历停用词文件的每一行，删除字符串头和尾的空白字符（包括 \n，
\r，\t 也加到列表里）
stopwords = [line.strip() for line in open('ting.
txt','r').readlines()]

# 集合更新，将要传入的元素拆分，作为个体传入到集合中
punctuation.update(stopwords)

# 过滤停用词
mytext=[]

# 遍历分词列表的每一行
for sentence in seg_1:
     words=[]
     # 遍历每一行的每一个词
     for word in sentence:
          # 如果这个词不列表中
          if word not in punctuation:
              # 将这个词放到新的文本列表中
              words.append(word)
     # 将所有的文本列表存入列表
     mytext.append(words)
```

观察上文中对应的内容去除停用词后的效果，并与之前的分

词结果进行对比，可以看到，很多停用词已经被去除了。

```
['几天', '宁静', '今晚', '院子', '里', '坐', '乘凉', '想起', '日日', '走过', '荷塘', '满月', '光里', '总该', '样子', '月亮', '渐渐', '升高', '墙外', '马路上', '孩子', '欢笑', '听不见', '妻在', '屋里', '拍', '闰儿', '迷迷糊糊', '眠', '歌', '悄悄地', '披', '大衫', '带上', '门', '\n'], ['荷塘', '一条', '曲折', '煤屑', '路', '这是', '一条', '幽僻', '路', '白天', '少人', '走', '夜晚', '寂寞', '荷塘', '四面', '长着', '树', '蓊蓊郁郁', '路', '一旁', '杨柳', '名字', '树', '月光', '晚上', '路上', '阴森森', '怕人', '今晚', '月光', '淡淡的', '\n']
```

有时看到一篇文章后，会想要知道这篇文章的关键内容。我们会统计文字中多次出现的词语，来寻找文章中的关键词，因为多次出现的词语可能就是关键内容。在文本数据处理中，这就是词频统计问题。词频统计可以分为以下几步：从文件读取一段文本；把每个词语及其出现次数当作一个键值对进行处理；输出一定数量的词及其出场频率。

调用统计数量的 Counter 库和用来分词的 jieba 库，将分词后的列表转换为可用于计数的对象，该对象是一个无序的容器。元素被作为字典的 key 存储，它们的计数作为字典的 value 存储。

通过代码，对去停用词后的《荷塘月色》进行词频统计。观察出现次数最多的十个词中，两个字以上的词语都有哪些？它们出现的次数分别是多少？通过程序分析，输出结果如下：

```
叶子 9
荷塘 8
月光 5
采莲 5
今晚 4
杨柳 4
```

可以看到，出现次数最多的十个词中，两个字以上的词有6个，这些词表明了本文的一个关键内容：叶子、荷塘、月光、采莲、今晚、杨柳。

除了直接根据词语出现频率来判断关键词的方法之外，还有其他的计算方法能够帮助我们去统计出一篇文档的关键词。比如TF-IDF算法和TextRank算法，对这些内容感兴趣的读者可以参考其他相关书籍。

在网络上，经常可以看到一张图片，上面只有一堆大小不一的文字，有些通过文字生成一个人物的轮廓。像这样的图像，我们称之为词云。

词云，又称文字云、标签云，是对文本数据中出现频率较高的“关键词”在视觉上的突出呈现，对关键词渲染，形成类似云一样的彩色图片，从而过滤掉大量的文本信息，使浏览者只要一眼扫过图片就可以领略文本主要表达的意思。常见于博客、微博、文章分析等。

制作词云的主要步骤是：文本预处理、词频统计和将高频词以图片形式进行彩色渲染。词云生成时除了需要调用matplotlib库进行词云的绘制以及jieba库的分词和关键词的抽取外，还需要用到词云生成器wordcloud，该生成器只要进行相关的配置就能生成相应的词云。

接下来对去停用词后的《荷塘月色》文本进行词云图的绘制，以及词云图的保存[1]。注意此时需要根据不同的环境设置相应的字体，否则会报错。比如下面的代码中就选择了Songti.ttc作为输出的字体。

---

[1] 如何处理及存储去停用词的文章可以参看本丛书的《情感分析：人工智能如何洞察心理》，这里就不再赘述。

```
# 调用词云库，plt 库用来显示，jieba 库用来分词
from wordcloud import WordCloud
import matplotlib.pyplot as plt
#### 默认设置下 matplotlib 图片清晰度不够，可以将图设置成矢量格式
%config InlineBackend.figure_format = 'svg'
import jieba

# 输入需要进行词云化的文档名称
filename = "htys_sw.txt"  # htys_sw.txt 为去停用词后的文本

# 打开并读取文档内容
with open(filename,encoding= 'utf-8') as f:mytext = f.read()

# 使用 jieba 进行分词，将分好的词存入字符串中
mytext = " ".join(jieba.cut(mytext))

# 根据文本字符串生成词云
wordcloud=WordCloud(font_path="Songti.ttc",  # 设置输出词云的字体
width=400, height= 200,# 设置词云图的宽度、高度分别为 400、200
scale=32,  # 设置词云图的清晰度
background_color='white',  # 设置词云图的背景颜色
#stopwords=",).generate(mytext)

#plt.imshow() 函数负责对图像进行处理，并显示其格式，但是不能显示图像，其后跟着 plt.show() 才能显示出来
#plt.imshow 的两个参数，一个是图像，一个是不同图像之间的插值方式
```

```
plt.imshow(wordcloud, interpolation= 'bilinear')  # 双线性插值
plt.axis("off")  # 设置显示的词云图中无坐标轴
plt.show()
wordcloud.to_file(" 荷塘月色 .png")
```

执行代码后，输出结果如下所示。

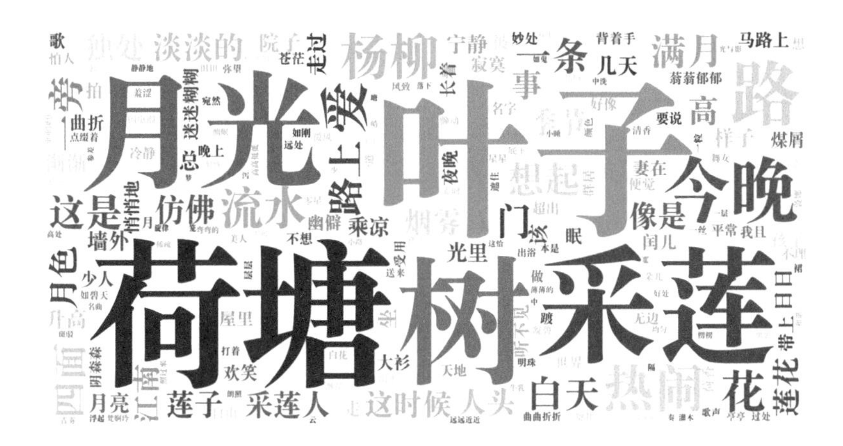

6.3.2 从句子到向量的词袋模型

在对文本进行建模时存在一个问题，就是“混乱”，因为像机器学习算法通常更喜欢固定长度的输入、输出，但是文本是不定长的。机器学习算法不能直接处理纯文本，要使用文本的话，就必须把它转换成数值，尤其是数值向量。这个就叫作特征提取或者特征编码。而文本数据的特征提取，其中一种简单且流行的方法就是词袋模型。

1954 年，泽里格·哈里斯（Zellig Harris）首次在其文章《分布式结构》（*Distributional Structure*[1]）提出“词袋”一词。词袋模型

[1] Harris Z. Distributional Structure. Word, 1954, 10 (2/3): 146–62.

（bag of word）是一种简化的自然语言处理和信息检索模型。正如词袋其名，在词袋模型下，就如同将所有词语打散放入到一个袋子中，因此这种做法就无法顾及语义以及语序的问题，每个词彼此之间都是独立的。

词袋模型是信息检索领域常用的文档表示方法。词袋模型可以很简单，也可以很复杂。这主要取决于如何设计由已知单词构成的词典以及如何对已知单词的出现进行评分。

在一些自然语言的研究中，涉及文本分类、情感分析等场景，往往是通过将一段文本或者一段评论等作为输入放入模型进行分类，因此需要将文本变成计算机能够识别的量化模式。

前面已经介绍了分词以及词频等相关概念，结合词袋模型，可以看到如何将一段文本以向量的方式进行表示。假设如下的三个简单句子各自构成文本：

- 你们喜欢咖啡吗？
- 我们不是很喜欢咖啡。
- 咖啡太苦，我们不喜欢咖啡。

输入如下的代码：

```
import jieba
from sklearn.feature_extraction.text import CountVectorizer

# 初始文本
ary = ["你们喜欢咖啡吗？",
       "我们不是很喜欢咖啡。",
       "咖啡太苦，我们不喜欢咖啡。"]
corpus=[]

# 遍历初始文本列表的每一句话
```

```
for title in ary:
     # 将字符串加入到新的列表中
     corpus.append(' '.join(jieba.lcut(title)))

#CountVectorizer() 函数对文本数据进行特征值化
vectorizer = CountVectorizer()

# 先训练，找到转换数据的规则，然后根据找到的规则转换数据
X = vectorizer.fit_transform(corpus)

# 转换之前的数据形式为列表，已自动去除停用词
word = vectorizer.get_feature_names()

# 将转换之前的数据列表存入字符串，加入分隔符
print('|'.join(word))# 请注意 ' ' 中间务必空一格或加分隔符

# 将训练后的数据转换为数组
print(X.toarray())
```

结果显示如下：

```
不是 | 你们 | 咖啡 | 喜欢 | 太苦 | 我们
[[0 1 1 1 0 0]
 [1 0 1 1 0 1]
 [0 0 2 1 1 1]]
```

结果表明，基于上述三个文本中出现的词语，可以构建如下的词袋：

[不是 | 你们 | 咖啡 | 喜欢 | 太苦 | 我们]

上面词典中包含 6 个词，每个词都有唯一的索引。因此对于“不是”这个词，可以用向量 [1 0 0 0 0 0] 表示。同理，对于“咖

啡”这个词，可以用向量 [0 0 1 0 0 0] 表示。也就是某个词在字典中对应的位置是 1，其他位置的元素均为 0。这样的表示方式称为独热编码（one-hot encoding）。

基于词袋模型，我们可以使用一个 6 维向量表示上面的三个文本。

$$[\,0\,1\,1\,1\,0\,0\,]$$
$$[\,1\,0\,1\,1\,0\,1\,]$$
$$[\,0\,0\,2\,1\,1\,1\,]$$

衡量向量之间相似度的方法有很多，比如内积、距离等，这里介绍一种常用的从方向上衡量向量相似度的方法——余弦相似度（cosine similarity），假如有两个向量 $\boldsymbol{x}$ 和 $\boldsymbol{y}$，它们余弦相似度的公式如下：

$$余弦相似度=\frac{x_1y_1+\cdots+x_ny_n}{\sqrt{x_1^2+\cdots+x_n^2}\sqrt{y_1^2+\cdots+y_n^2}}$$

式中，$\boldsymbol{x}=(x_1,\cdots,\ x_n)$；$\boldsymbol{y}=(y_1,\cdots,y_n)$。

余弦相似度可以很直观地反映出两个向量在多大程度上指向同一个方向，如果两个向量完全指向相同方向，余弦相似度则为 1，当方向完全相反时，余弦相似度则为 −1。

```
import numpy as np
vec1 = np.array([0,1,1,1,0,0])
vec2 = np.array([1,0,1,1,0,1])
vec3 = np.array([0,0,2,1,1,1])
cos_sim12 = vec1.dot(vec2) / (np.linalg.norm(vec1) *
np.linalg.norm(vec2))
cos_sim13 = vec1.dot(vec3) / (np.linalg.norm(vec1) *
np.linalg.norm(vec3))
cos_sim23 = vec2.dot(vec3) / (np.linalg.norm(vec2) *
```

```
np.linalg.norm(vec3))
print(cos_sim12)
print(cos_sim13)
print(cos_sim23)
```

结果显示：

```
0.5773502691896258
0.6546536707079772
0.7559289460184544
```

从以上结果可以看到，通过将文本进行向量转化，使得可以对其进行量化分析。从分析的结果来看，第二句与第三句余弦相似度最大，表明这两句话较为接近。

词袋模型简单且容易操作，但是也存在一些明显的缺点。首先就是维度灾难的问题，词袋模型会随着词典中词语数量的增多而变大，从而使得维度变得很大。另外，生成的向量中大量元素为 0，这些都使得后续的计算消耗巨大。其次，词袋模型没有考虑重要的词与词之间的顺序和结构信息。最后，词袋模型中也存在语义鸿沟的问题。

6.3.3 Word2Vec 让词语变向量

在自然语言处理中，词嵌入（word embedding）是语言模型与表征学习的一种技术。词嵌入可以将一个维数为所有词数量的高维空间嵌入到维数更低的连续向量空间中，能够做到每个词语都可以被映射成一个维数不高的向量。

这种词嵌入的映射方法包括神经网络、词共生矩阵降维、概率模型等。词嵌入的方式可以大幅度提升自然语言处理的效果。

山姆・T. 罗维斯（Sam T. Roweis）和劳伦斯・K. 索尔（Lawrence

K. Saul）在《科学》（*Science*）杂志上发表了如何使用"局部线性嵌入"(locally linear embedding，简称 LLE) 来发现高维数据结构的表示[1]。从约书亚·本吉奥和他的同事们做了一些基础工作以来，2005 年以后的大多数新词嵌入技术都依赖于神经网络架构，而不是概率和代数模型。

在 2010 年前后，随着词嵌入领域理论的研究取得突飞猛进的进展，以及硬件的进步，该方法被许多研究小组采用，为有益地探索更广泛的参数空间提供了条件。2013 年，由托马斯·米科洛维（Tomas Mikolov）领导的谷歌团队创建了 Word2vec 进行词嵌入，这种方法比之前的方法能够更快地训练向量空间模型，使得从大型语料库中学习单词向量成为可能。

通过训练，某种语言中的每个词都被映射成一个固定长度且维度不高的向量。所有的这些向量在一起就构成了一个词向量空间。每个词是这个空间中的一个点，因此，可以通过空间中点的距离来判断词的语义等。

与该点距离最近的单词应该与该词在某种语义上相近。在自然语言处理中，词向量及其优劣等也并不是唯一的，取决于训练语料、训练算法和词向量的长度等因素。在向量空间中，不同的语言有许多共同点，如果可以实现一个向量空间到另一个向量空间的映射和转换，就很容易实现语言翻译。

利用词嵌入技术，可以进行机器翻译。将英语和西班牙语分别训练，得到相应的词向量空间。从英语中取 5 个词 one、two、three、four、five，为了可视化，利用主成分分析进行降维，并将这五个点画在一个二维平面上。

---

[1] Roweis S T, Saul L K. Nonlinear Dimensionality Reduction by Locally Linear Embedding. Science, 2000, 290 (5500): 2323.

在西班牙语中提取出 uno、dos、tres、cuatro、cinco 等 5 个词（这 5 个词分别代表一、二、三、四、五的含义），同样使用主成分降维后画出这 5 个点，将它们画在一个二维平面上。如图 6-12 所示，可以发现，两个向量空间中的 5 个词其相对位置是相似的，说明两种不同语言所对应的向量空间的结构是相似的，这进一步说明用距离来描述词向量空间中词的相似性的合理性。

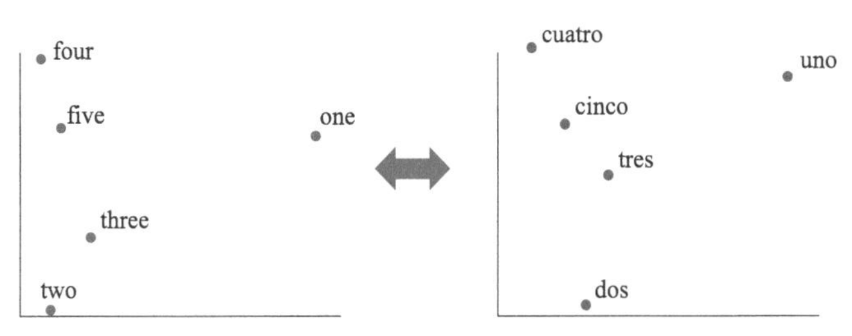

图 6-12　不同语言下词向量空间对比

经过 Word2Vec 得到的词向量不仅可以反映出语义上的相似性，还可以利用向量之间的差来反映出语义中的抽象关系。比如，当用“国王”的向量加上“女人”的向量，然后减去“男人”的向量时，得到的结果与“王后”的向量非常相似，如图 6-13 所示。

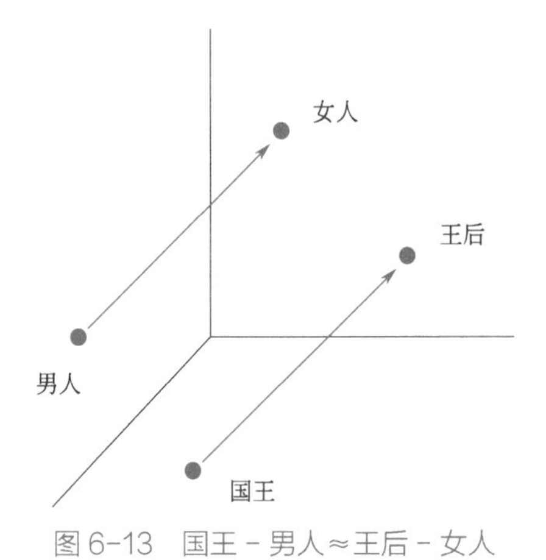

图 6-13　国王 - 男人≈王后 - 女人

之所以存在这样的类比情况，主要是基于词语在不同的文本中所代表的含义基本相同。因此，当训练的样本量足够大时，甚至有时会远超一个人一生的阅读极限，此时，统计规律就会发挥出其巨大的作用，Word2Vec 模型会将不同文本中语义相同的词语映射到向量空间邻近的位置。

图 6-14 为经过训练后一些国家的词与其核心城市的词之间的距离，对于很多国家和城市来说都是正确的[1]。

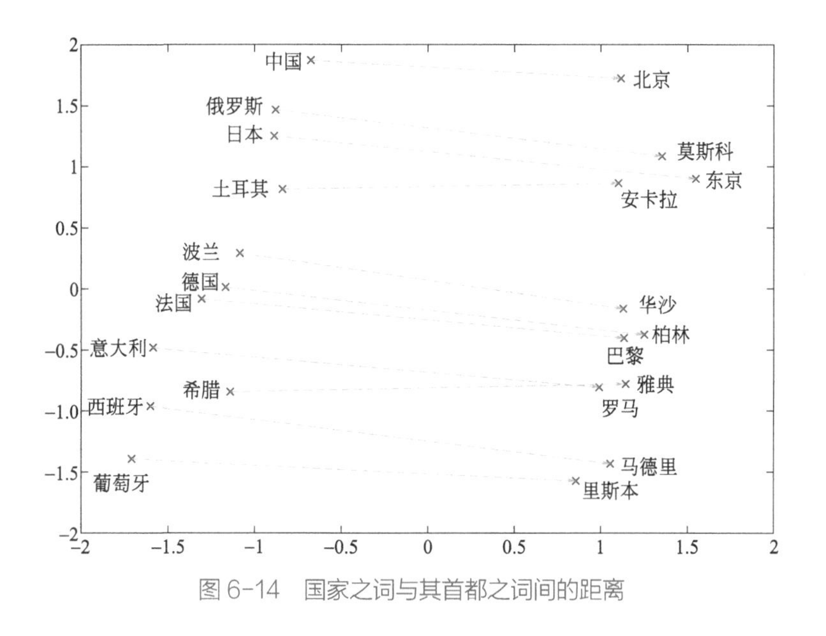

图 6-14　国家之词与其首都之词间的距离

通过 Word2Vec 技术得到的词向量不仅可以反映语义上的相似性，还能利用两个向量的差来反映语义中的抽象关系，例如“女人 - 男人 = 皇后 - 国王”以及“刘备 - 诸葛亮 = 李世民 - 魏征”等。还能找到很多类似的关系，如国家之间的关系：北京 - 中国 =？ -

[1] Mikolov T, Sutskever I, Chen K, et al. Distributed Representations of Words and Phrases and their Compositionality. NIPS, 2013.

日本。通过相应的程序，可以得到如下所示的结果。

```
[('东京', 0.6759355068206787),
('京都', 0.6116690039634705),
('北海道', 0.5339069366455078)]
```

利用循环神经网络、Transforme 等模型，结合词向量可以开展很多自然语言处理领域相关的研究工作，感兴趣的读者可以参阅其他相关书籍。

第 7 章

无数据，不课堂

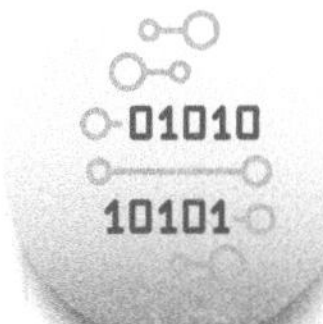

随着信息技术的蓬勃发展，数据已经深入到各行各业中，也逐渐渗透到中学课堂当中。在这一章，将会举例说明不同的课堂中是如何使用数据辅助教学的。

7.1 数据与算法，打开另一扇窗

7.1.1 语文——水浒传

《水浒传》是中国四大名著之一，是一部以北宋末年宋江起义为主要故事背景的章回体长篇小说。《水浒传》也是中学语文的必读书目之一。在《水浒传》中，出现了108位英雄人物。从数据的角度可以提出这样一个问题：在《水浒传》中，哪些人物出现的次数较多呢？可以将《水浒传》存储为txt格式文件“水浒传.txt”，然后在Python中输入以下代码：

```
import jieba
txt=open("水浒传.txt","r",encoding='utf-8').read()#打开《水浒传》的电子书.txt
names=['宋江', '卢俊义', '吴用','武松','李逵','林冲','鲁智深','柴进','花荣','公孙胜']
words=jieba.lcut(txt)  #使用jieba库内置的算法进行分词
cnt={}  #用来计数
for word in words:
    if word in names:  #数次数
        cnt[word]=cnt.get(word,0)+1
items=list(cnt.items())   #将其返回为列表类型
items.sort(key=lambda x:x[1],reverse=True)  #按照出现次数进行排序
for i in range(0,5):   #打印出现次数前5的人名
    name,ans=items[i]
    print("{0:<5}出现的次数为：{1:>5}".format(name,ans))
```

输出结果为：

```
宋江    出现的次数为：  2527
李逵    出现的次数为：  1116
武松    出现的次数为：  1053
林冲    出现的次数为：   719
吴用    出现的次数为：   652
```

通过程序可以发现，输入的人物中次数出现最多的是宋江，然后依次是李逵、武松、林冲和吴用，说明作者在写作时，更加偏重这些人物的刻画。

7.1.2　物理——伏安法测电阻

伏安法测电阻是使用电流表和电压表直接测量导体电阻的常见方法，是中学物理基础电路实验之一。伏安法测电阻一般分为电流表内接和电流表外接两种，图 7-1 提供的是电流表外接的伏安法测电阻的电路，其中 A 是电流表，V 是电压表，R_0 是滑动变阻器，R 是待测电阻。伏安法测电阻的任务是：通过测量电流值和电压值，得到 R 的电阻值。为了保证测量的精确性，一般采用多次测量取平均值的方式。当然也可以通过绘制伏安特性曲线，观察斜率得到 R 的电阻值。伏安法测电阻本身就是一个数据分析的典型案例。

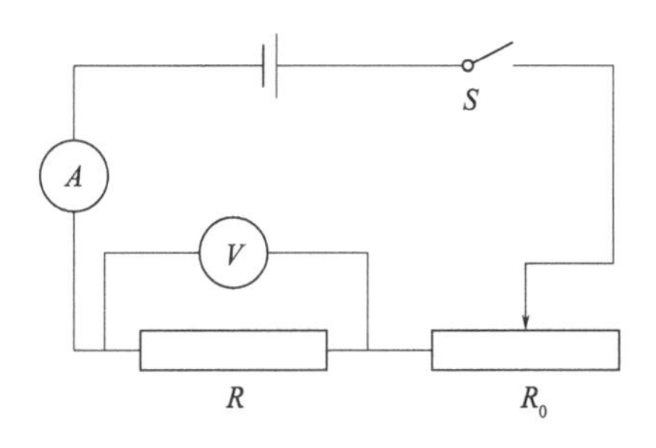

图 7-1　伏安法测电阻电路

将数据收集到 Excel 表格中，存储成无格式的文件“电流电压值 .csv”，测量 20 组数据，结果如表 7-1 所示，其中 index 列为序号列，用来标记第几组测量值。

表 7-1 伏安法测电阻——电流电压测量值

序号	电流	电压	序号	电流	电压
1	0.1	2.1	11	1.1	21.6
2	0.2	3.8	12	1.2	23.5
3	0.3	5.9	13	1.3	25.5
4	0.4	8.1	14	1.4	27.7
5	0.5	10.3	15	1.5	29.4
6	0.6	11.7	16	1.6	31.9
7	0.7	13.8	17	1.7	33.5
8	0.8	16	18	1.8	34.9
9	0.9	17.7	19	1.9	38.5
10	1	19.7	20	2	39.7

在 Python 中执行如下代码，可以通过多次测量取平均值得到电阻值，并绘制伏安特性曲线：

```
import numpy as np  # Python 数据运算库
import matplotlib.pyplot as plt  #Python 绘图库
import pandas as pd  #Python 数据读写库
data = pd.read_csv(" 电流电压值 .csv", header = 0, index_
col = 0)  # 读取数据
v = data[" 电压 "]
a = data[" 电流 "]
r = v/a  # 计算每次测量的电阻值
r_predict = np.mean(r)  # 计算电阻的平均值
print(r_predict)
a_predict = v/r_predict
plt.figure(1)
```

```
plt.plot(v, a,'r^')  #画出电流电压值
plt.plot(v,a_predict,'b-')  #由计算出的电阻的平均值绘制出的伏安曲线
plt.xlabel("voltage",fontsize = 10)
plt.ylabel("current",fontsize = 10)
plt.legend(["observed value","calculated value"],
             fontsize = 12)
plt.savefig("Pic02.png")
```

输出结果为：19.82319220274909，即这个电阻约为19.8Ω。同时，绘制的伏安特性曲线如图7-2所示。通过观察也可以发现，电阻约为20Ω左右。

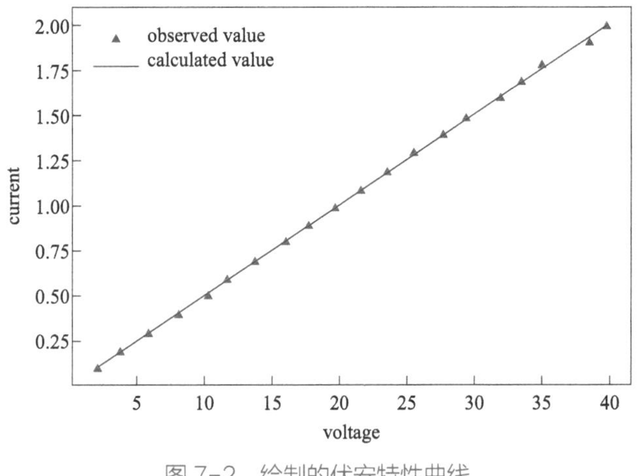

图7-2　绘制的伏安特性曲线

7.1.3　生物——鸢尾花分类

鸢尾花对中学生来说应该不太陌生，通过学习生物学相关的知识，可以给鸢尾花进行分类。在人工智能领域，鸢尾花数据集（iris dataset）作为经典案例使用得十分普遍，它是由Fisher在1936年收集整理的，数据集包含150个数据样本，分为3类

（Sentosa 0，Versicolor 1，Virginia 2），每类 50 个数据，每个数据包含 4 个特征：花萼（sepal）长度、花萼宽度、花瓣（petal）长度、花瓣宽度，如图 7-3 所示。

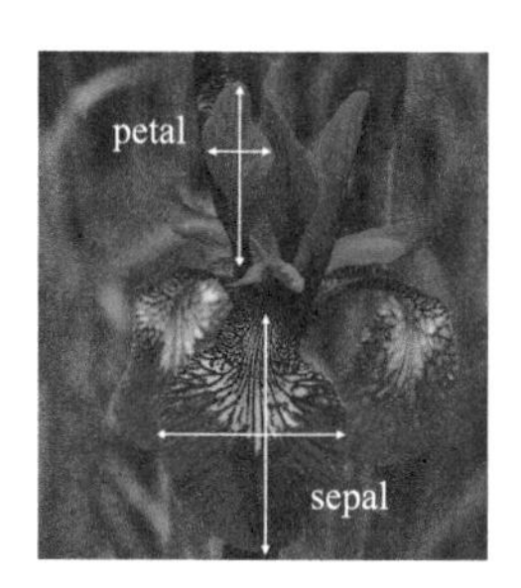

图 7-3　鸢尾花的花萼与花瓣

通过 4 个特征的实际数值，结合机器学习等相关算法，就可以在不使用生物相关知识的情况下对鸢尾花类型进行划分。

针对鸢尾花数据集，从数据的角度提出的问题是：如何通过鸢尾花的 4 个属性来预测鸢尾花属于三个种类中的哪一类？

为了能够直观呈现效果，只选择花萼长度和花萼宽度作为属性去建立模型对鸢尾花进行分类，代码如下：

```
import numpy as np
import pandas as pd
import matplotlib.pyplot as plt
from matplotlib.colors import ListedColormap
from sklearn import neighbors
data = pd.read_csv('iris.csv', header = 0, index_col = 0)
data = data.values
X = data[:,:2]  # 选择前两个 feature 训练模型，使得可以可视化
y = data[:,-1]  # 提取最后一列作为 label，即鸢尾花的种类
clf =  neighbors.KNeighborsClassifier(5)  # 使用 Scikit-
Learn 自带的 KNN 函数训练模型
clf.fit(X,y)  # 不管算法怎么执行，直接进行模型建立
```

```
h = .02  # mesh 图片的网格精度为 0.02
cmap_light = ListedColormap(['orange', 'cyan',
'cornflowerblue'])
cmap_bold = ListedColormap(['darkorange', 'c',
'darkblue'])
#------ 以下代码是画 mesh 图片 --------#
x_min, x_max = X[:, 0].min() - 1, X[:, 0].max() + 1
y_min, y_max = X[:, 1].min() - 1, X[:, 1].max() + 1
xx, yy = np.meshgrid(np.arange(x_min, x_max, h),
np.arange(y_min, y_max, h))
y_predict=clf.predict(np.c_[xx.ravel(), yy.ravel()])
y_predict = y_predict.reshape(xx.shape)
plt.figure(1)  # 画原来的数据点
plt.scatter(X[:, 0], X[:, 1], c=y, cmap=cmap_bold,
edgecolor='k', s=20)
plt.figure(2)  # 画分割模型
plt.pcolormesh(xx, yy, y_predict, cmap=cmap_light)
plt.scatter(X[:, 0], X[:, 1], c=y, cmap=cmap_bold,
edgecolor='k', s=20)
plt.xlim(xx.min(), xx.max())
plt.ylim(yy.min(), yy.max())
#plt.rcParams['font.sans-serif'] = ['KaiTi']  # 显示中文
plt.xlabel("sepal width(cm)")
plt.ylabel("petal length (cm)")
plt.title("Iris classification")
plt.savefig("Pic03.png")
```

使用了机器学习库 Scikit-Learn 库中自带的 *k* 近邻算法（*k*-nearest neighbors）实现分类模型的建立，从结果中可以看出，平面被模型分成了 3 块区域，每块区域代表一类鸢尾花，其中圆点是原始数据。

输出结果如下：

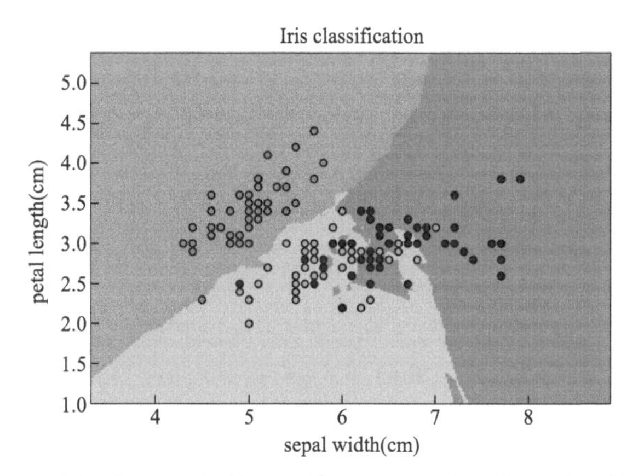

因此，也就实现了从特征到数据，再到建模与结果的全过程，一旦知道了新鸢尾花样本的 4 个特征数值，就能够利用已经训练好的模型对鸢尾花的类型进行预测。

7.2 可视化，让内容更加图强

7.2.1 数学——二次函数性质分析

二次函数 $y=ax^2+bx+c(a \neq 0)$ 是中学课堂中最常见的函数之一，在研究二次函数时，经常会关注函数中的参数 a、b、c 是如何影响函数的性质和图像的。从数据的角度，可以提出这样一个问题：二次函数中参数 a 是如何影响函数图像的？可以把随着 a 的改变而产生的函数图像看作是一组数据，将多个函数图像绘制在同一张图上，进行观察和对比。在 Python 中通过如下代码实现：

```
import numpy as np  # 导入数据分析库
import matplotlib.pyplot as plt  # 导入 matplotlib 绘图库
#### 默认设置下 matplotlib 图片清晰度不够，可以将图设置成矢量格式
```

```
%config InlineBackend.figure_format = 'svg'
a = [-2,-1,1,2,5]
b = [0,0,0,0,0]
c = [0,0,0,0,0]
x = np.arange(-3,3,0.01)
plt.rcParams['axes.unicode_minus'] = False  #显示负坐标
plt.figure(1)
for i in range(len(a)):
      y = a[i]*(x**2) + b[i]*x + c[i]
      plt.plot(x,y,label = 'a='+ str(a[i]))
plt.legend()
plt.xlabel("x",fontsize = 10)
plt.ylabel("y",fontsize = 10)
plt.title("Quadratic functions with different
parameters",fontsize = 12)
plt.savefig("Pic01.png")
```

结果显示如下：

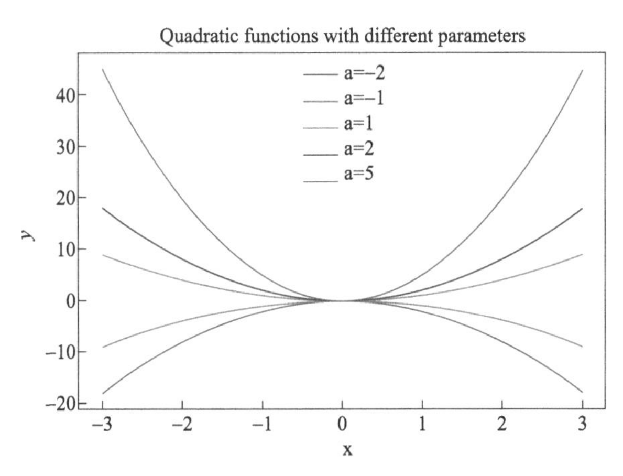

正如结果所示，取 a 为 −2,−1,1,2,5 五个不同的参数，通过观察可以看出，当 $a<0$ 时，函数的开口向下；当 $a>0$ 时，函数的开口向上。还可以得到，$|a|$ 越大，开口越窄。

在本例中用到的 NumPy 和 matplotlib 库是 Python 进行数据分析常用的库。其中 NumPy 主要用于数据运算，而 matplotlib 主要用于数据的可视化和绘图[1]。

7.2.2 英语——I have a dream

《我有一个梦想》(*I have a dream*) 是美国黑人民权运动领袖马丁·路德·金在华盛顿林肯纪念堂发表的纪念性演讲，是中学英语的必读课文之一。从数据的角度可以提出这样一个问题：在 *I have a dream* 当中，如何直观呈现出哪些关键词被提及较多呢？可以将 *I have a dream* 存储为 .txt 文件 “I have a dream.txt”，然后在 Python 中输入以下代码生成词云 (word cloud):

```
from wordcloud import WordCloud  # 导入绘制词云的包
import matplotlib.pyplot as plt  # 导入 matplotlib 作图的包
file = open(u'I have a dream.txt', 'r', encoding='utf-
8'). read()  # 读取文件
wordcloud = WordCloud(  # 生成一个词云对象
    background_color="white",  # 设置背景为白色，默认为黑色
    width = 1280,  # 设置图片的宽度
    height= 960,  # 设置图片的高度
    margin= 20  # 设置图片的边缘
).generate(file)
plt.imshow(wordcloud)  # 绘制图片
plt.axis("off")  # 消除坐标轴
wordcloud.to_file("wordclout_Ihaveadream.png")  # 存储词
云图片
```

[1] 笔者建议读者不要刻意去单独学习和记忆这些第三方库中的具体函数，而是根据想要实现的功能，每次现查或者复用别人的代码，久而久之就会使用了。

结果显示如下：

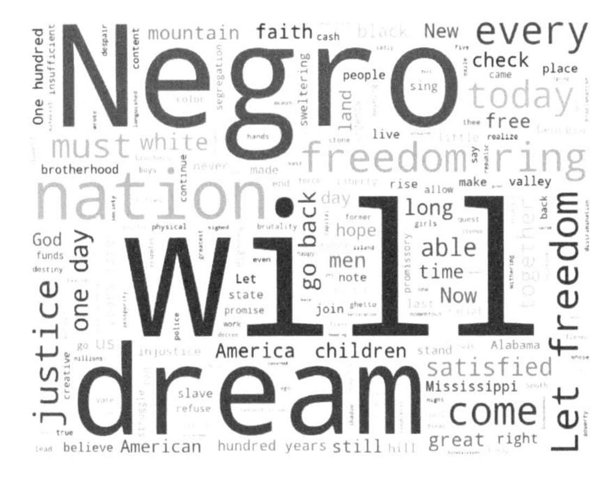

从结果中可以发现，“Negro”“Will”“dream”“freedom”等这几个词被提到的频率较高，可以直接体现出此演讲稿的主题思想。

7.2.3 化学——绘制元素周期表

化学元素周期表 (periodic table of elements) 是根据原子量从小至大排序的化学元素列表，第一代元素周期表是化学家门捷列夫于 1869 年总结发表。元素周期表的整理和排列很好地体现了数据思维。元素周期表是按照原子序数（质子数）进行排列；同时，元素周期表将元素进行分“族”，每一“族”占据一列；同一族中，由上而下，最外层电子数相同，核外电子层数逐渐增多，原子半径增大，原子序数递增，元素金属性递增，非金属性递减。元素在周期表中的位置不仅反映了元素的原子结构，也显示了元素性质的递变规律和元素之间的内在联系。

可以使用 Python 绘制元素周期表，代码如下（有兴趣的读者可以参考 bokeh 库的官网，代码中绝大部分内容都是设定图片形式的，在这里不再对代码进行注释）：

```
from bokeh.io import output_file, show
from bokeh.models import ColumnDataSource
from bokeh.plotting import figure
from bokeh.sampledata.periodic_table import elements
from bokeh.transform import dodge, factor_cmap
periods = ["I", "II", "III", "IV", "V", "VI", "VII"]
groups = [str(x) for x in range(1, 19)]
df = elements.copy()
df["atomic mass"] = df["atomic mass"].astype(str)
df["group"] = df["group"].astype(str)
df["period"] = [periods[x-1] for x in df.period]
df = df[df.group != "-"]
df = df[df.symbol != "Lr"]
df = df[df.symbol != "Lu"]
cmap = {
"alkali metal" : "#a6cee3",
"alkaline earth metal" : "#1f78b4",
"metal" : "#d93b43",
"halogen" : "#999d9a",
"metalloid" : "#e08d49",
"noble gas" : "#eaeaea",
"nonmetal" : "#f1d4Af",
"transition metal" : "#599d7A",}
source = ColumnDataSource(df)
p = figure(plot_width=900, plot_height=500, title="Periodic
Table (omitting LA and AC Series)",
x_range=groups, y_range=list(reversed(periods)),
toolbar_location=None, tools="hover")
p.rect("group", "period", 0.95, 0.95, source=source,
fill_alpha=0.6, legend_field="metal",
color=factor_cmap('metal', palette=list(cmap.values()),
factors=list(cmap.keys())))
text_props = {"source": source, "text_align": "left",
```

```
"text_baseline": "middle"}
x = dodge("group", -0.4, range=p.x_range)
r = p.text(x=x, y="period", text="symbol", **text_props)
r.glyph.text_font_style="bold"
r = p.text(x=x, y=dodge("period", 0.3, range=p.y_
range), text="atomic number", **text_props)
r.glyph.text_font_size="11px"
r = p.text(x=x, y=dodge("period", -0.35, range=p.y_
range), text="name", **text_props)
r.glyph.text_font_size="7px"
r = p.text(x=x, y=dodge("period", -0.2, range=p.y_
range), text="atomic mass", **text_props)
r.glyph.text_font_size="7px"
p.text(x=["3", "3"], y=["VI", "VII"], text=["LA",
"AC"], text_align="center", text_baseline="middle")
p.hover.tooltips = [
("Name", "@name"),
("Atomic number", "@{atomic number}"),
("Atomic mass", "@{atomic mass}"),
("Type", "@metal"),
("CPK color", "$color[hex, swatch]:CPK"),
("Electronic configuration", "@{electronic
configuration}"),]
p.outline_line_color = None
p.grid.grid_line_color = None
p.axis.axis_line_color = None
p.axis.major_tick_line_color = None
p.axis.major_label_standoff = 0
p.legend.orientation = "horizontal"
p.legend.location ="top_center"
output_file("Period_table_of_elements.html")
show(p)
```

输出的图片如图 7-4 所示（使用 Python 绘制的元素周期表省略了镧系和锕系）。在本例中使用的 bokeh 库是 Python 中一个较为常用的第三方绘图库，可以绘制较为漂亮的图表。

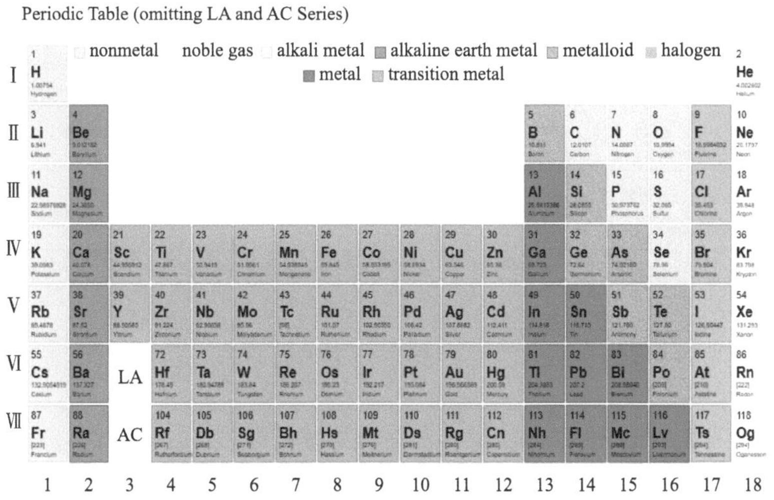

图 7-4　元素周期表

7.2.4　历史——中国历史人口数据可视化

梁启超曾提出“历史统计学”的概念。学者们认为自然科学要试验，社会科学要统计，历史需要运用统计学展开研究，除通过统计数据以发现问题外，更重要的目标是通过数据结果推求原因、发现问题。

这里以历史人口统计为例进行说明，表 7-2 给出了中国各历史年代人口数量以及人口年均增长率的数据[1]。

[1] 郭志勇 . 中国历史人口之数量分析 . 华北水利水电学院学报 : 社会科学版 , 2012, 028(002):36-39.

表 7-2　中国各历史年代人口数量以及人口平均增长率

历史年代	人口 / 万人	人口年均增长率 /‰	历史年代	人口 / 万人	人口年均增长率 /‰
夏 (前 2070)	1355	0	东汉桓帝永寿三年 (157)	5648	128.25
西周 (前 1043)	1371	0.01	三国 (263)	767	−18.66
春秋 (前 684)	1184	−0.41	西晋太康元年 (280)	1616	44.81
秦始皇二十六年 (前 221)	2000	1.13	隋大业五年 (609)	4601	3.19
西汉平帝元始二年 (2)	5959	4.91	唐玄宗开元十四年 (726)	4100	−0.98
东汉光武中元二年 (57)	2100	−18.78	唐开元二十八年 (740)	4844	9.31
东汉明帝永平十八年 (75)	3412	27.33	唐天宝十四年 (755)	5291	8.06
东汉章帝张和二年 (88)	4335	18.59	北宋真宗咸平六年 (1003)	1427	−5.27
东汉和帝元兴元年 (105)	5325	12.17	北宋元丰三年 (1080)	3330	11.07
东汉延光四年 (122)	4869	−5.25	宋徽宗大观四年 (1110)	4673	11.36
东汉永和五年 (140)	4915	0.52	南宋嘉定十六年 (1223)	7681	4.41
东汉建康元年 (144)	4973	2.94	元至元二十七年 (1290)	5883	−3.97
东汉永嘉元年 (145)	4952	−4.22	元至元二十八年 (1291)	5984	17.17
东汉本初元年 (146)	4756	−39.58	明洪武十四年 (1381)	5987	0.01
东汉永寿二年 (156)	5006	5.14	明洪武二十六年 (1393)	6054	0.93

续表

历史年代	人口 / 万人	人口年均增长率 /‰	历史年代	人口 / 万人	人口年均增长率 /‰
明永乐元年 (1403)	6659	9.57	清乾隆七年 (1742)	15980	114.29
明弘治四年 (1491)	5328	−2.53	清乾隆十一年 (1743)	17189	18.4
明万历六年 (1578)	6069	1.5	清乾隆十六年 (1751)	18181	11.28
天启六年 (1626)	5165	−3.35	清乾隆二十二年 (1757)	19034	7.67
清顺治八年 (1651)	1063	−61.27	乾隆二十七年 (1762)	20047	10.42
清顺治十三年 (1656)	1541	77.09	乾隆三十三年 (1768)	21083	8.43
清顺治十六年 (1659)	1900	72.3	乾隆三十九年 (1774)	22102	7.9
康熙二十三年 (1684)	2034	2.73	乾隆四十二年 (1777)	27086	70.13
康熙三十八年 (1699)	2041	0.23	乾隆四十七年 (1782)	28182	7.96
康熙五十年 (1711)	2461	15.72	乾隆五十一年 (1786)	29110	8.13
康熙五十八年 (1719)	2502	2.07	乾隆五十五年 (1790)	30148	8.8
雍正二年 (1724)	2611	8.57	嘉庆元年 (1796)	27000	-18.21
雍正四年 (1726)	2639	5.35	嘉庆十年 (1805)	33218	23.3
雍正十二年 (1734)	2735	4.48	嘉庆十三年 (1808)	35029	17.85
清乾隆六年 (1741)	14341	267.08	嘉庆十三年 (1820)	35000	-0.07

续表

历史年代	人口/万人	人口年均增长率/‰	历史年代	人口/万人	人口年均增长率/‰
道光六年(1826)	38028	13.93	道光二十五年(1845)	42134	4.51
道光九年(1829)	39050	8.88	宣统三年(1911)	37767	−1.66
道光十四年(1834)	40100	5.32			

除了从表中可以看到不同年代的信息外，还可以利用数据可视化的方式“感受”数字的时序变化，这种感受是表格很难做到的。

表中有两列特征，数字悬殊较大，这样情形如果呈现在一幅图上，可以考虑双轴坐标图，即用两个纵轴分别表示特征的数据，横轴坐标为历史年份。

双轴坐标图的代码如下：

```
import numpy as np
import matplotlib.pyplot as plt
%matplotlib inline
%config InlineBackend.figure_format = 'svg'

# 输入表格中数据，其中 x 为年份，y1 为人口，y2 为人口年均增长率
# 鉴于篇幅原因，以下省略表格中数据
x =
y1 =
y2 =

# 绘图
fig = plt.figure()
```

```
ax1 = fig.add_subplot(111)
ax1.plot(x, y1, 'r')
ax1.set_ylabel(' 人口（万人）')
plt.grid(True)

ax2 = ax1.twinx()
ax2.plot(x, y2, '--')
ax2.set_ylabel(' 增长率（‰）')
plt.show()
```

结果如下所示：

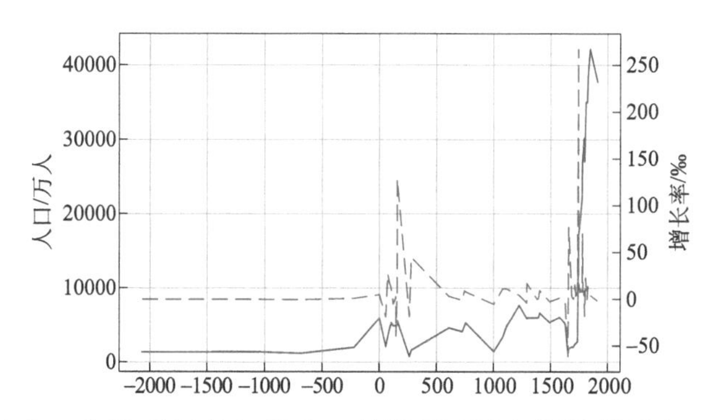

其中，实线表示各年代人口的数量（见左侧的纵轴），虚线表示人口年均增长率（见右侧的纵轴）。

正如《中国历史人口之数量分析》的作者所说，借助数量分析之原理、方法，可以更加形象地描绘出中国各个历史时期人口数量增减变化，以及各个时期人口增长率变动趋势，从而更好地查看人口数据的差异、比例和变化趋势，分析其变化特点、探究其发展规律。

7.2.5 地理——卫星影像图

地理信息系统（geographic information system，GIS）是一种特

定的十分重要的地理空间信息的数据管理系统，它是在计算机硬、软件系统支持下，对整个或部分地球表层（包括大气层）空间中的有关地理分布数据进行采集、储存、管理、运算、分析和显示的系统。随着时代的发展，地理信息系统越来越被广泛地应用在中学地理的教学中。可以用 Python 简单模拟一个地理信息系统：调用和模拟北京某所中学的卫星影像图。

首先需要安装 folium 库，它实质上是基于 leaflet.js 的 Python 地图库。在命令行中输入以下内容就可以很方便地将该库安装。

```
pip install folium
```

然后，在 Python 中运行以下代码：

```
import folium  # 调用第三方地图库
tiles = 'https://webst02.is.autonavi.com/appmaptile?style
=6&x={x}&y={y}&z={z}'
# 调用卫星影像图第三方接口
m = folium.Map([39.902000,116.256000],  # 输入该中学的经
纬度坐标
                tiles = tiles,
                attr=' 高德 - 卫星影像图 ',
                zoom_start = 40,  # 地图尺寸
                cotrol =True
                )
folium.Marker(  # 添加地图中的标记
     location=[39.902000,116.256000],  # 该中学的经纬度坐标
     popup=' 北京市十一学校 ',
     icon=folium.Icon(icon='cloud')
).add_to(m)
m.save('maptry.html')  # 输出地图
```

代码运行会生成一个 .html 文件，打开 html 即得到该所中学

的卫星影像图，如图 7-5 所示。从图中可以清晰地看出该中学的操场位置和各个教学楼的位置。

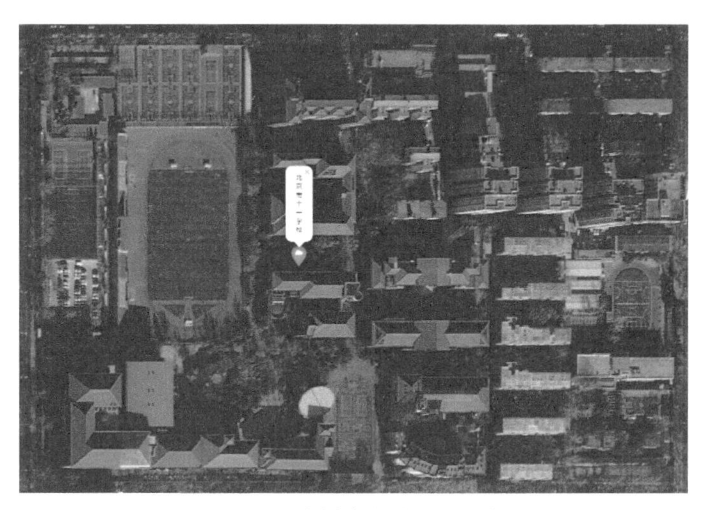

图 7-5　北京某中学的卫星影像图

附录

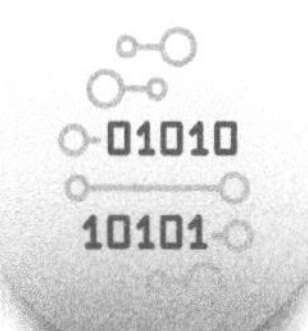

附录一　抽样分布与参数估计

1. 抽样分布

考虑下面来自最近新闻或研究报告的内容：

• 2022 年，全国居民人均消费支出 24538 元；

• 某市居民平均出行距离约 5.2 公里，平均出行时耗约 26 分钟；

• 根据调查显示在校大学生对社会创业持积极心态，高达 49.86% 的在校大学生有较强烈的社会创业意愿；

• 根据调查显示，未成年网民使用台式电脑、笔记本电脑、平板电脑、智能手表等设备上网的比例分别为 41.1%、38.4%、45.7% 和 39.3%，较 2020 年均有所提升。

以上的内容描述了一种常见的统计学方法，即利用相对较小的样本信息对相应总体参数作出估计。这种方法通常被称为推断统计学。

需要注意的是，以上四个论述是建立在不同类型的样本统计之上的。前两个论述中涉及均值的问题，后两个论述则涉及总体的比例问题。考虑到两种问题的分析思路大体相同，以下的内容中只讨论均值的情形。

例如，考虑一个含有三个样本的总体，样本的某个特征的数值分别为 1、3、8。单独研究这三个样本，这三个样本就是研究的总体。

这个总体的某特征的平均数为 4，最小的样本容量（sample size）n=1，这时有三个样本，每个样本的均值就是该样本中该特征的数值，如附表 1 所示。

附表 1　样本容量为 1 时的样本均值

样本	样本均值
样本 1：{1}	1
样本 2：{3}	3
样本 3：{8}	8

在统计学中，样本均值（sample mean）的抽样分布（sample distribution）指的是由样本均值构成的所有可能的样本所形成的概率分布。换句话说，样本均值的抽样分布反映了在同一总体下，不断从总体中抽取样本并计算样本均值时，这些样本均值的分布情况。

假设样本的 n=2，则每个样本中包含两个数值，同时再假设数值可以出现两次，即采用有放回抽样（sampling with replacement）进行抽取。

根据题目描述，总体中包含三个样本，样本数值分别为 1、3、8，样本容量 n=2，同时假设一个样本中同一个数值可以出现两次，那么该样本中的所有可能取值数为 3 的平方，等于 9。附表 2 是这 9 种不同的样本取值：

附表 2　样本容量为 2 时的样本均值

样本	样本均值
样本 1：{1, 1}	1
样本 2：{1, 3}	2
样本 3：{1, 8}	4.5
样本 4：{3, 1}	2
样本 5：{3, 3}	3
样本 6：{3, 8}	5.5
样本 7：{8, 1}	4.5
样本 8：{8, 3}	5.5
样本 9：{8, 8}	8

每一个样本均值只能反映出该特定样本所包含的样本值的均值，不能代表总体的均值或整个样本的均值。

为了能够知道样本均值的抽样分布，需要从上表中找出每个样本均值发生的频率，如附表 3 所示。

附表 3　样本容量为 2 时样本均值的频数

样本均值	频数
1	1
2	2
3	1
4.5	2
5.5	2
8	1

其样本均值的频率分布的直方图如附图 1 所示。

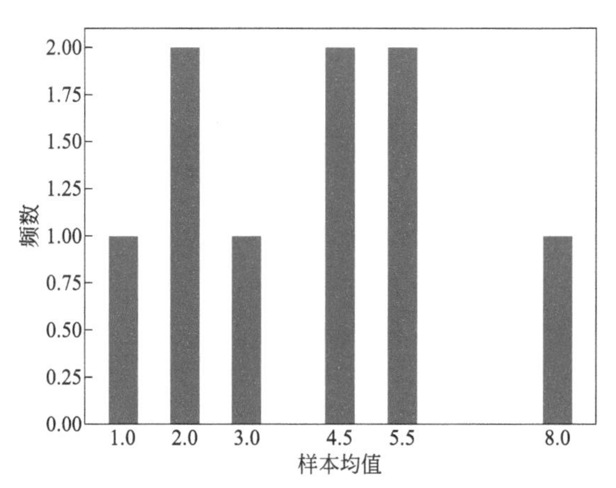

附图 1　样本容量为 2 时样本均值的直方图

在 n=2 的情况下，9 个样本均值的平均值为 4，可以看出，与之前 n=1 的情况是相同的，即这里的样本均值等于总体均值。

上面三个个体的总体只是为了说明一些基本概念，现实中往往针对较大的总体进行分析，下面的数据假如是一个包含 300 个个体的总体，数值反映的是个体的每日上网时间（时），数据如下所示：

4.59	3.06	2.56	4.42	2.37	1.42	3.52	2.20	2.29	1.75
3.81	2.63	3.66	3.14	1.72	1.89	3.42	3.82	4.76	3.64
1.12	3.15	2.98	1.57	4.15	2.73	2.90	1.43	1.30	2.83
3.05	1.68	1.33	2.87	1.82	4.47	1.96	2.71	1.80	1.65
2.10	3.26	4.85	2.62	3.76	3.73	2.75	2.90	3.89	1.73
1.68	2.01	1.18	4.02	3.24	3.56	1.07	4.97	3.24	4.93
2.26	2.43	3.79	1.02	3.44	1.88	4.19	4.01	2.21	1.61
4.31	2.41	4.72	3.96	4.14	1.84	3.35	1.91	4.84	4.90
3.28	4.81	1.45	4.72	3.15	4.53	3.20	1.30	2.08	2.39
4.82	4.25	2.32	4.92	1.03	1.74	3.93	4.49	2.15	1.12
1.05	4.63	1.62	3.12	3.09	3.13	3.79	2.06	1.37	2.20
4.50	4.08	2.31	2.13	3.20	3.12	3.63	2.83	3.60	4.34
1.79	3.43	3.14	3.39	2.88	1.66	3.37	1.68	3.88	4.48
2.37	4.00	1.49	2.10	1.33	4.50	4.38	4.07	3.59	4.14
4.49	4.10	3.39	3.88	3.05	4.68	3.35	1.11	3.43	3.11
3.32	1.79	2.04	2.69	1.95	2.66	1.51	1.65	1.44	1.63
2.36	2.02	4.67	2.97	4.17	1.12	4.79	2.77	3.67	2.12
3.77	2.44	4.24	2.04	4.47	2.86	3.73	2.82	4.60	2.36
1.44	2.36	2.11	3.32	4.40	2.40	4.77	3.49	4.70	2.69
2.87	3.10	2.78	4.19	4.23	3.36	1.09	2.29	4.89	3.89
3.49	3.07	2.86	3.19	3.13	2.70	1.83	3.47	1.38	3.51
2.75	3.85	2.88	3.17	1.85	1.84	3.11	1.34	4.28	2.65
3.00	4.44	2.86	4.09	1.19	1.43	4.01	3.77	1.57	3.66
4.38	1.73	4.45	2.37	4.60	1.62	1.04	2.07	3.90	4.54
3.94	2.57	4.86	1.86	2.21	2.58	4.54	1.92	4.46	3.27
3.33	2.04	1.59	2.23	1.33	2.58	3.81	3.08	3.48	1.34
2.74	2.98	2.13	3.36	2.16	1.28	2.26	4.64	1.51	4.84
1.44	2.63	4.71	2.65	2.01	4.00	3.37	4.31	1.28	1.57
3.22	1.25	2.19	1.68	2.88	1.42	2.52	3.01	4.16	1.14
1.53	1.35	3.62	4.83	3.83	2.96	4.56	2.38	3.55	3.86

从数据中很容易计算出总体均值为2.95，总体标准差为1.11。可以先随机抽取一部分样本，再计算样本均值，从而探索样本选取和构建样本均值分布的过程。一般来说，当总体数量较大时，为了避免抽到相似或重复的样本，一般需要进行随机抽样。

常用的随机抽样方法包括简单随机抽样、分层随机抽样、整群随机抽样等。下面以简单随机抽样为例，介绍如何利用Python实现样本均值分布的探索。

假设从上述300个总体中随机选取1个容量为30的样本，利用Python程序，可以得到选取的样本及样本均值。Python代码如下：

```
import numpy as np
# 定义总体
population = rand_nums  # 导入上文中的 300 个数值
# 设置样本参数
sample_size = 30     # 样本容量
num_samples = 1      # 样本数

# 随机抽取 100 个样本，并计算样本均值
sample_means = []
for i in range(num_samples):
      sample = np.random.choice(population,
               size=sample_size, replace=False)
      sample_mean = np.mean(sample)
      sample_means.append(sample_mean)
# 打印样本数值及样本均值
print('样本：', np.around(sample, decimals=2))
print('样本均值：', np.around(np.mean(sample_means),
decimals=2))
```

结果显示：

```
样本: [2.75 2.11 3.52 2.37 1.51 1.62 4.9  2.36 4.6  1.88
4.77 1.38 4.44 1.65
 3.51 1.35 1.25 1.68 1.86 4.38 3.77 2.63 2.69 1.3  4.49
4.7  1.42 4.67
 1.84 1.33]
样本均值:  2.76
```

将上述程序再运行一次，即得到第2个样本容量为30的样本，结果如下：

```
样本: [1.66 2.56 2.75 1.74 1.28 2.9  3.47 4.19 4.34 1.73
1.25 4.48 1.84 2.43
 1.45 3.24 1.75 3.81 2.2  1.3  1.79 1.44 3.66 1.59 4.1
4.9  2.29 3.66
 4.31 2.83]
样本均值:  2.7
```

通过选择两个样本容量为30的样本，可以看到它们的均值分别为2.76和2.7，与总体均值2.95并不相同，这是因为样本不能完全替代总体。

如果不断地选择更多容量为30的样本计算其样本均值，会发生什么情况呢？将上述代码“num_samples = 1”中的“1”设置成“500”，即样本数为500个，并且将上述代码中“打印样本数值及样本均值”部分内容替换为以下内容。

```
# 画出均值的直方图
plt.hist(sample_means, bins=20)
plt.xlabel('样本均值')
plt.ylabel('频率')
# 去掉网格
```

```
plt.grid(False)
plt.show()
```

执行代码，结果显示如附图 2 所示。

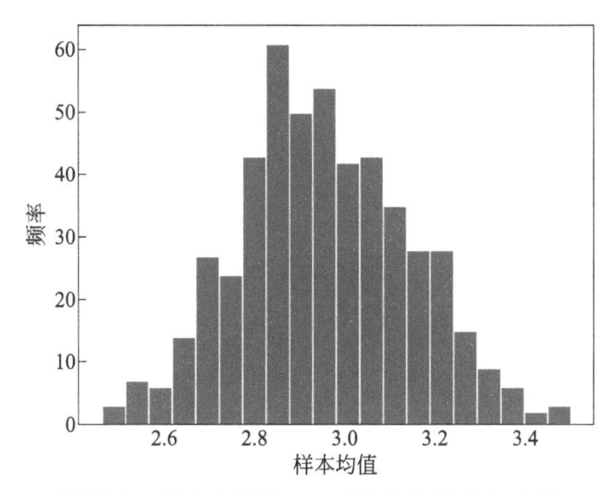

附图 2　样本容量为 30 时样本均值的直方图

结果给出了选取 500 个容量为 30 的样本的情况下的样本均值直方图，从附图 2 中可以看到，直方图已经很接近正态分布，并且这些样本的均值（2.95）与总体均值（2.95）相等[1]。

实际上，不可能对所有容量为 30 的样本进行分析，因为这个数量太庞大了。总体为 300，样本容量为 30 的样本数有 300^{30} 个，因为 30 个个体均有 300 个选择。

当样本容量足够大（一般大于等于 30），不论总体分布形状，样本均值的分布近似服从正态分布，这意味着在一定条件下，可以用正态分布近似形容样本均值的分布。

当样本容量足够大时，样本均值的分布近似服从正态分布，其特征如下：

[1] 即便考虑到取小数点后多位时，差别也并不是很大。

• 正态分布的均值等于总体均值：从上文中的均值比较可得。

• 正态分布的标准差等于总体标准差除以样本容量的平方根：$\frac{1.11}{\sqrt{30}}=0.20$。

• 样本均值的分布形状取决于总体分布的形状，但当样本容量足够大时，不论总体分布形状如何，样本均值的分布近似于正态分布，从附图 2 可以看出。

2. 参数估计

实际应用中，通常只有样本数据，而不知道总体参数的真实值。这种情况下，需要利用样本数据来推断总体参数的未知值。这就是统计学的基本问题之一：参数估计。

参数估计是一种从样本数据中估计总体参数的方法。其中，常用的方法是点估计和区间估计。

点估计就是用一个点估计量（例如样本均值）来估计总体参数的未知值。点估计的结果是一个数值，通常称为点估计值。区间估计是一种通过给出置信区间（confidence interval）来估计总体参数的范围的方法。置信区间指的是样本统计量的一个范围，该范围内包含总体参数的真实值的可能性达到了预设的水平。置信区间通常给定一个置信水平（confidence level），例如 95% 或 99%。

在上一节的内容中给出了一个由 300 个个体构成的总体。在本节中，如果上文中的总体变为一个样本，即从包含更多个体的总体（假设该总体服从正态分布）中随机抽样得到一个样本容量为 300 的样本，样本的均值和标准差分别为 2.95 和 1.11。

```
import numpy as np
xbar = np.mean(rand_nums)
print(xbar)
```

结果显示：

```
2.9515545347453234
```

还可以使用无偏方差作为总体方差的估计值，代码如下：

```
import numpy as np
sigma = np.std(rand_nums, ddof=1)
print(sigma)
```

结果显示：

```
1.1127984209096489
```

因为只有一个样本均值，因此将其假设为唯一的估计量，然后根据样本容量和样本标准差计算误差范围，并且用它建立一个置信区间，然后去估计它代表总体均值的优劣。

上节的内容中已经了解当样本容量足够大时，样本均值为 μ 的分布近似等于总体均值为 μ 的正态分布。我们并不知道总体的真实均值，但根据正态分布的 3σ 原则可知，95% 的样本均值在总体均值两边两个标准差之内[1]。

在作出关于总体参数的推断时，通常无法确切地知道总体参数（如总体均值和总体标准差）的真实值，但可以通过样本数据来估计总体参数的值，并借助标准误差等概念来计算误差范围。标准误差表示估计量与总体数值间的差异，可以用样本标准差和样本容量来计算。

具体来说，已知样本容量 n、样本均值 $\bar{x}$ 和样本标准差 s，如果 $n > 30$，则可以计算出置信区间为$\bar{x} \pm z_{\alpha/2}\frac{s}{\sqrt{n}}$，其中 $z_{\alpha/2}$ 是置信系数，它表示在样本分布遵循正态分布的假设下，有 $\alpha/2$ 的概率出现在置信区间之外的数据，通常取值为 1.96（当置信系数为 95%

[1] 正态分布的 3σ 原则是指数值分布在 $(\mu-\sigma, \mu+\sigma)$ 中的概率为 0.6826，数值分布在 $(\mu-2\sigma, \mu+2\sigma)$ 中的概率为 0.9544，数值分布在 $(\mu-3\sigma, \mu+3\sigma)$ 中的概率为 0.9974。

时），如附图 3 所示。

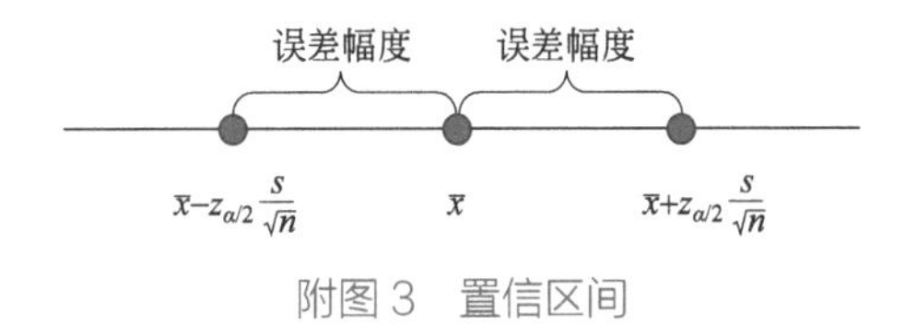

附图 3　置信区间

附图 3 所示为 $\bar{x}$ 的置信区间，该区间可以被视为总体参数的估计区间，并可以用来判断样本均值与总体均值之间是否存在显著性差异。

如果多次有放回抽样并构建置信区间，那么 95% 的置信区间会包含总体均值，5% 不包含总体均值。在多次抽样的过程中，由于样本的随机性，每次抽取的样本可能会有所不同。

因此，从同一个总体中多次抽取得到的样本均值也会有所不同。在这种情况下，可以使用置信区间来估计总体均值的可能范围。如果进行多次有放回抽样，并针对每个样本计算置信区间，那么有 95% 的把握确信总体均值会落在这些置信区间中的某一个范围内。同时，也有 5% 的可能总体均值不在这些置信区间中，而落在置信区间之外，如附图 4 所示。

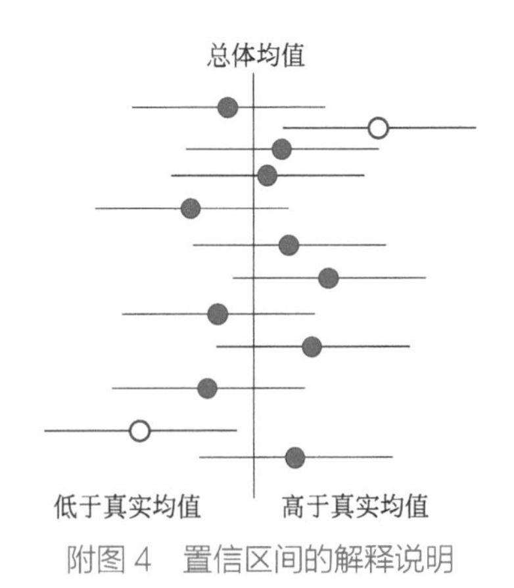

附图 4　置信区间的解释说明

利用 Python 代码，可以很方便地获取不同置信水平下的置信区间，下面的代码给出了上述 300 个样本在 95% 的置信水平下的置信区间。

```
import numpy as np
from scipy import stats

# 样本数据
data = rand_nums
# 计算样本均值和标准差
n = len(data)
mean = np.mean(data)
std = np.std(data, ddof=1)

# 双侧置信水平为 95%
alpha = 0.05
df = n - 1
t = stats.t.ppf(1-alpha/2, df)

# 计算置信区间的上限和下限
lower = mean - t * std / np.sqrt(n)
upper = mean + t * std / np.sqrt(n)

print("置信区间: [{:.2f}, {:.2f}]".format(lower, upper))
```

结果显示如下：

```
置信区间: [2.83, 3.08]
```

附录二　假设检验

在产品生产的过程中经常会遇到质量检测问题。一般情况下，把所有生产出来的产品拿出来一一检测是不现实的。为此，统计学家们发明了假设检验的方法，抽取部分样本后，对总体进行统计推断，推理出总体是否合格。以下是一个例子。

例：一个生产螺母的工厂每小时可以生产10000只内径为20mm的螺母。由于生产设备并非理想设备，其生产出来的螺母的实际内径与20mm相比必然存在误差。根据长期经验得知工厂生产的螺母的内径正好服从正态分布，方差为$0.1^2 mm^2$。

要检测这10000只生产出来的螺母是否合格，一般情况下不会检测所有的螺母，因为全都检测太过于耗时耗力。工厂一般会选择随机抽取其中的几只螺母，从而推断出这批螺母是否合格。具体而言，工厂可以随机抽取其中10只螺母，其内径（单位：mm）分别为：

$$19.8,19.8,19.8,19.8,19.9,20.0,20.1,20.1,20.2,20.2$$

要保证这批螺母中，每个螺母的内径均为20，首先要保证这批螺母的平均值为20。为此，可以选择用这10只螺母的平均值来估计这批螺母的平均值。通过计算可以得到这10个螺母的平均值为19.97。因为19.97与20很近，于是猜测这批螺母的平均内径就等于20。

但是，数学不能只凭感觉和猜测，需要科学严谨的推理过程。于是，统计学家发明了假设检验的方法，基于部分样本的平均值去推断出整体的平均值，具体流程如下：

步骤1：类似于反证法，假设这10000只螺母的平均内径

为 20，计算抽取的 10 只螺母的平均内径，记为$\bar{X}$=19.97。计算二者的差异，即 |19.97−20.0|=0.03。再进行归一化操作，计算$\frac{|\bar{X}-20|}{\sqrt{0.1^2/10}}$，其中 0.1^2 为方差，10 为抽取的样本数。统计学家严格证明了这个值在估计过程中是随机的，但是服从标准正态分布 $N(0,1)$，即均值为 0、方差为 1 的正态分布。在本书中，我们不去纠结统计学家是如何证明的，我们只关注如何应用结论：直观而言，要通过$\bar{X}$=19.97推断出这批螺母的内径是 20，则$\frac{|\bar{X}-20|}{\sqrt{0.1^2/10}}$需要在 0 周围，即离 0 很近。

步骤 2：现在需要确定，当 $\bar{X}$ 与 20 多近时，就可以推断出这批螺母的平均值就是 20？即确定检验标准。直观上，如果$\frac{|\bar{X}-20|}{\sqrt{0.1^2/10}}$离 0 太远，那么肯定就不能认为 $\bar{X}$ 与 20 相等。为了评估$\frac{|\bar{X}-20|}{\sqrt{0.1^2/10}}$离 0 有多远，需要确定一个正数阈值 k，当$\frac{|\bar{X}-20|}{\sqrt{0.1^2/10}}<k$时，可以认为$\frac{|\bar{X}-20|}{\sqrt{0.1^2/10}}$离 0 很近，此时认为 $\bar{X}$ 与 20 相等；反之，当$\frac{|\bar{X}-20|}{\sqrt{0.1^2/10}}\geqslant k$时，不能认为$\frac{|\bar{X}-20|}{\sqrt{0.1^2/10}}$离 0 很近，故不能认为 $\bar{X}$ 与 20 相等。这个阈值 k 一般是由$\frac{|\bar{X}-20|}{\sqrt{0.1^2/10}}\geqslant k$发生的概率确定的。正如前文所说，$\frac{|\bar{X}-20|}{\sqrt{0.1^2/10}}$已经被统计学家们证明服从标准正态分布 $N(0,1)$，所以$\frac{|\bar{X}-20|}{\sqrt{0.1^2/10}}\geqslant k$会对应一个发生概率$P(\frac{|\bar{X}-20|}{\sqrt{0.1^2/10}}\geqslant k)$。根据标准正态分布的概率分布函数，此概率小于等于一个正数 α，即$\frac{|\bar{X}-20|}{\sqrt{0.1^2/10}}\geqslant k$发生的概率不会超过 α。当 α 很小时，例如 $\alpha = 0.05$

时，$\frac{|\bar{X}-20|}{\sqrt{0.1^2/10}}\geqslant k$就可以被认为是一个小概率事件，或者说几乎不可能发生的事件。在本例中，通过查表可以得到在标准正态分布$N(0,1)$中，当α=0.05时，对应的阈值k为1.96。即$\frac{|\bar{X}-20|}{\sqrt{0.1^2/10}}\geqslant 1.96$发生的概率小于等于0.05或者说小于等于5%，即这件事几乎不可能发生，或者说是一个小概率事件。

步骤3：计算$\frac{|\bar{X}-20|}{\sqrt{0.1^2/10}}$的实际值，将其与阈值1.96进行比较。如果$\frac{|\bar{X}-20|}{\sqrt{0.1^2/10}}\geqslant 1.96$，说明小概率事件发生了，即在假设这批螺母的平均内径为20的前提下，却发生了小概率事件，所以假设不对，即拒绝假设。如果$\frac{|\bar{X}-20|}{\sqrt{0.1^2/10}}<1.96$，则说明小概率事件没有发生，即可以认为假设是正确的。在本例中，计算得到$\frac{|\bar{X}-20|}{\sqrt{0.1^2/10}}=0.95<1.96$，则小概率事件没有发生，可以认为假设是正确的。

步骤1、2、3组成了假设检验的标准流程，总结如下：

① 步骤1：确定原假设与统计量。在上例中，首先作出了一个假设：这批螺母的平均内径20，这个假设一般被称为原假设或者零假设。在原假设下，就能找到一个被统计学家证明过的符合某种分布的量，例如上例中符合标准正态分布的$\frac{|\bar{X}-20|}{\sqrt{0.1^2/10}}$，这个量一般被称为统计量（或者更精确地应该被称为统计量的估计值）。

② 步骤2：确定显著性水平与阈值。在上例中，步骤2需要确定检验标准，即$\frac{|\bar{X}-20|}{\sqrt{0.1^2/10}}$大于等于某个阈值$k$时，就可以认为是

小概率事件，从而否定原假设。因为$\frac{|\bar{X}-20|}{\sqrt{0.1^2/10}}$被证明是符合标准正态分布 $N(0,1)$，所以阈值 k 一般可以由发生概率 α 来确定，例如在上例中，α=0.05 时，k=1.96，α 一般被称为显著性水平或者检验水平。

③ 步骤 3：比较统计量与阈值。在步骤 1 确定统计量的计算方法并且在步骤 2 中确定阈值 k 后，就可以计算实际场景中的统计量，并将其与 k 进行比较。当统计量小于阈值 k 时，则接受原假设；当统计量大于等于阈值时，则拒绝原假设。例如在上例中，计算得到$\frac{|\bar{X}-20|}{\sqrt{0.1^2/10}}=0.95$，$k$=1.96，因为 0.95 ＜ 1.96，所以接受原假设。

需要单独指出，针对不同场景，选择假设和检验的统计量也会有所差异，其对应的分布和阈值也会相应调整。例如，在上例中，当总体方差未知时，需要用这 10 个样本的方差代替总体方差，即用$\frac{|\bar{X}-20|}{\sqrt{S^2/10}}$来代替$\frac{|\bar{X}-20|}{\sqrt{0.1^2/10}}$，其中 S^2 为抽取的 10 个样本的方差，此时，$\frac{|\bar{X}-20|}{\sqrt{S^2/10}}$被证明满足另一种分布——$t$ 分布，而不是标准正态分布。再例如，在检验方差是否等于某个值时，需要用 χ^2 分布。具体使用什么样的统计量和分布，需要根据具体问题进行选择，建议每次使用前查阅有关资料。

幸运的是，这些检验方法和具体分布已经集成在工具软件中。这使得我们在面对大部分应用场景时，可以不用搞清楚每一种检验和分布的具体计算方法，只需要使用计算机工具即可。例如，对于本例，可以直接在 Python 中使用 t 检验，来检验总体均值是否等于 20。具体代码如下：

```
from scipy import stats    # 使用 scipy 库中的 stats，可以
进行绝大部分统计推断
data = [19.8, 19.8, 19.8, 19.8, 19.9, 20.0, 20.1, 20.1,
20.2, 20.2]    # 数据
t, p = stats.ttest_1samp(data, 20)    # 进行 t 检验，检测均
值是否为 20，输出统计量 t 和 p 值
# 打印结果
print("t = {:.4f}, p = {:.4f}".format(t, p))
```

结果显示：

```
t = -0.5571, p = 0.5911
```

输出结果出现了一个新的量——p 值。p 值的计算是为了让人们更方便地读取结果。在各种工具软件中，一般会使用 p 值与显著性水平 α 的比较，来代替假设检验步骤 3 中统计量与阈值的比较：当 $p > \alpha$ 时，接受原假设，当 $p \leqslant \alpha$ 时，拒绝原假设。例如在本例中，当取 α=0.05 时，p=0.59 > α=0.05，所以接受原假设，即总体均值等于 20。

很多情况下需要判断两个样本的均值是否存在显著差异，利用 Python 程序可以方便解决，代码如下：

```
import numpy as np
from scipy.stats import ttest_ind
# 第一组样本
x1 = [10, 12, 14, 16, 18, 20, 22, 24, 26, 28]
# 第二组样本
x2 = [9, 11, 13, 15, 17, 19, 21, 23, 25, 27]
# 计算样本均值和标准差
mean1, mean2 = np.mean(x1), np.mean(x2)
std1, std2 = np.std(x1, ddof=1), np.std(x2, ddof=1)
# 计算 t 检验的 P 值
```

```
t, p = ttest_ind(x1, x2, equal_var=False)
if p < 0.05:
    print("两组样本均值存在显著差异。")
else:
    print("两组样本均值不存在显著差异。")
print("t = {:.4f}, p = {:.4f}".format(t, p))
```

结果显示:

```
两组样本均值不存在显著差异。
t = 0.3693, p = 0.7162
```

附录三　腾讯扣叮 Python 实验室：Jupyter Lab 使用说明

本书中展示的代码及运行结果都是在 Jupyter Notebook 中编写并运行的，并且保存后得到的是后缀名为 ipynb 的文件。

Jupyter Notebook（以下简称 jupyter），是 Python 的一个轻便的解释器，它可以在浏览器中以单元格的形式编写并立即运行代码，还可以将运行结果展示在浏览器页面上。除了可以直接输出字符，还可以输出图表等，使得整个工作能够以笔记的形式展现、存储，对于交互编程、学习非常方便。

一般安装了 Anaconda 之后，jupyter 也被自动安装了，但是它的使用还是较为复杂，也比较受电脑性能的制约。为了让读者更方便地体验并使用本书中的代码，在此介绍一个网页版的 jupyter 环境，也就是腾讯扣叮 Python 实验室人工智能模式的 Jupyter Lab，如附图 5 所示。

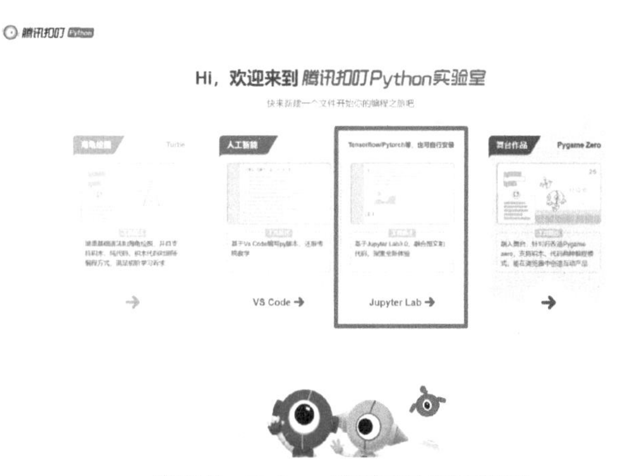

附图 5　Python 实验室欢迎页插图

人工智能模式的 Jupyter Lab 将环境部署在云端，以云端能力为核心，利用腾讯云的 CPU/GPU 服务器，将环境搭建、常见库安装等能力预先部署，可以为使用者省去不少烦琐的环境搭建时间。Jupyter Lab 提供脚本与课件两种状态，其中脚本状态主要以 py 格式文件开展，还原传统 Python 程序场景，课件状态属于 Jupyter 模式（图文 + 代码），如附图 6 所示。

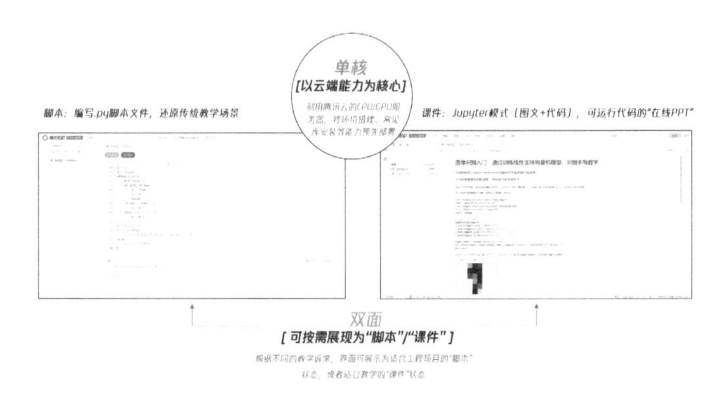

附图 6　Jupyter Lab 的单核双面

打开网址后，会看到附图 7 所示的启动页面，需要先点击右上角的登录，不需要提前注册，使用 QQ 或微信都可以扫码进行

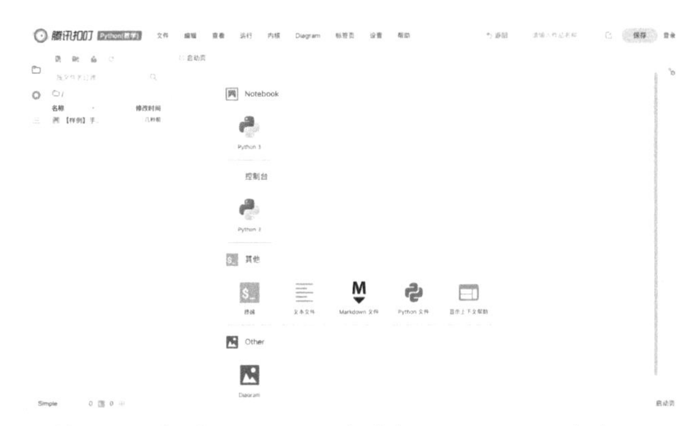

附图 7　腾讯扣叮 Python 实验室 Jupyter Lab 启动页面

登录。登录后可以正常使用 Jupyter Lab，而且也可以将编写的程序保存在头像位置的个人中心空间内，方便随时随地登录调用。想要将程序保存到个人空间，在右上角输入作品名称，再点击右上角黄色的保存按钮即可。

在介绍完平台的登录与保存之后，接下来介绍如何新建文件、上传文件和下载文件。想要新建一个空白的 ipynb 文件，可以点击附图 8 启动页 Notebook 区域中的“Python3”按钮。点击之后，会在当前路径下创建一个名为“未命名 .ipynb”的 Notebook 文件，启动页也会变为一个新的窗口，如附图 9 所示，在这个窗口中，可以使用 Jupyter Notebook 进行交互式编程。

附图 8　启动页 Notebook 区域

附图 9　未命名 .ipynb 编程窗口

如果想要上传电脑上的 ipynb 文件，可以点击附图 10 启动页左上方四个蓝色按钮中的第 3 个按钮：上传按钮。四个蓝色按钮的功能从左到右依次是：新建启动页、新建文件夹、上传本地文件和刷新页面。

附图 10　启动页左上方蓝色按钮

点击上传按钮之后，可以在电脑中选择想上传的 ipynb 文件，这里上传一个 SAT_3.ipynb 文件进行展示，上传后在左侧文件路径下会出现一个名为 SAT_3.ipynb 的 Notebook 文件，如附图 11 所示，但是需要注意的是，启动页并不会像创建文件一样，出现一个新的窗口，需要在附图 11 左侧的文件区找到名为 SAT_3.ipynb 的 Notebook 文件，双击打开，或者右键选择文件打开，打

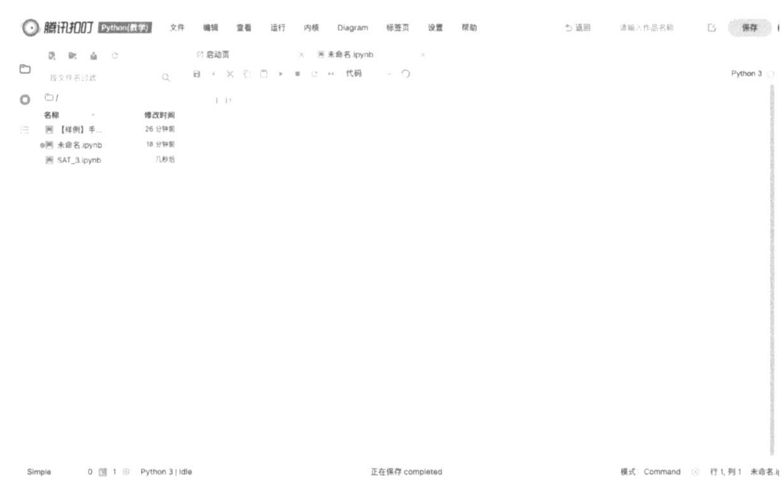

附图 11　上传文件后界面

开后会出现一个新的窗口，如附图 12 所示，可以在这个窗口中编辑或运行代码。

附图 12　双击打开文件后界面

想要下载文件的话，可以在左侧文件区选中想要下载的文件，然后右键点击选中的文件，会出现如附图 13 所示的指令界面，选

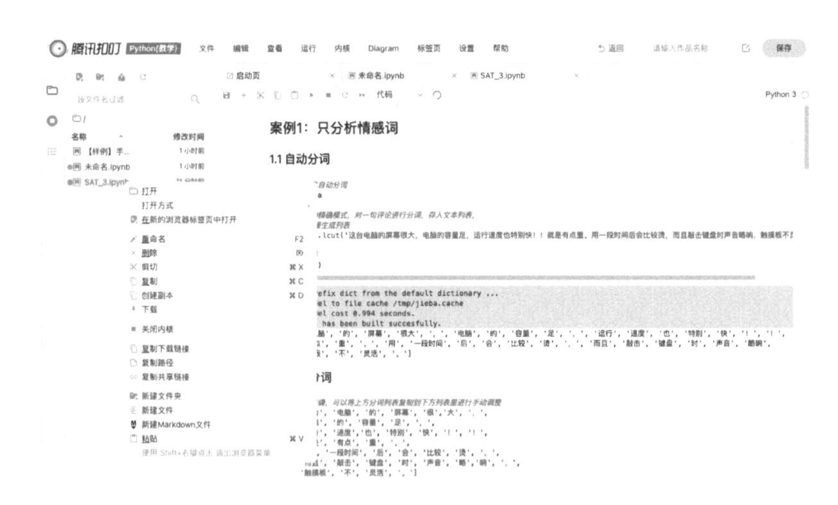

附图 13　右键点击文件后指令界面

择下载即可，如果想修改文件名称的话可以点击重命名，如果想删除文件的话可以点击删除，其他功能读者可以自行探索。

在介绍完如何新建文件、上传文件和下载文件之后，接下来介绍如何编写程序和运行程序。Jupyter Notebook 是可以在单个单元格中编写和运行程序的，这里回到未命名 .ipynb 的窗口进行体验，点击上方文件的窗口名称即可跳转。先介绍一下编辑窗口上方的功能键，如附图 14 所示，它们的功能从左到右依次是：保存、增加单元格、剪切单元格、复制单元格、粘贴单元格、运行单元格程序、中断程序运行、刷新和运行全部单元格。代码代表的是代码模式，可以点击代码旁的小三角进行模式的切换，如附图 15 所示，可以使用 Markdown 模式记录笔记。

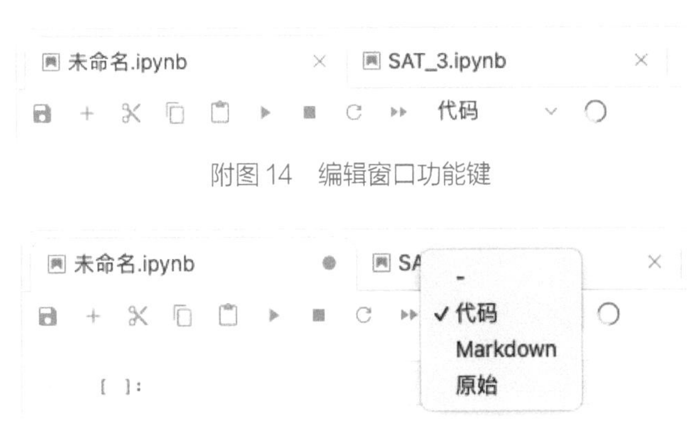

附图 14　编辑窗口功能键

附图 15　代码模式与 Markdown 模式切换

接下来在单元格中编写一段程序，并点击像播放键一样的运行功能键，或者使用“ctrl+Enter 键”（光标停留在这一行单元格）运行，并观察一下效果，如附图 16 所示，其中灰色部分是编写程序的单元格，单元格下方为程序的运行结果。

在 jupyter 里面不使用 print() 函数也能直接输出结果，当然使用 print() 函数也没问题。不过如果不使用 print() 函数，当有多个

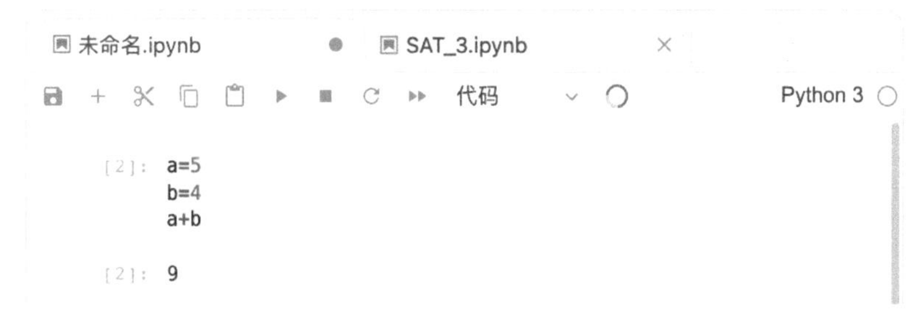

附图 16　单元格内编写并运行程序

输出时，可能后面的输出会把前面的输出覆盖。比如在后面再加上一个表达式，程序运行效果如附图 17 所示，单元格只输出最后的表达式的结果。

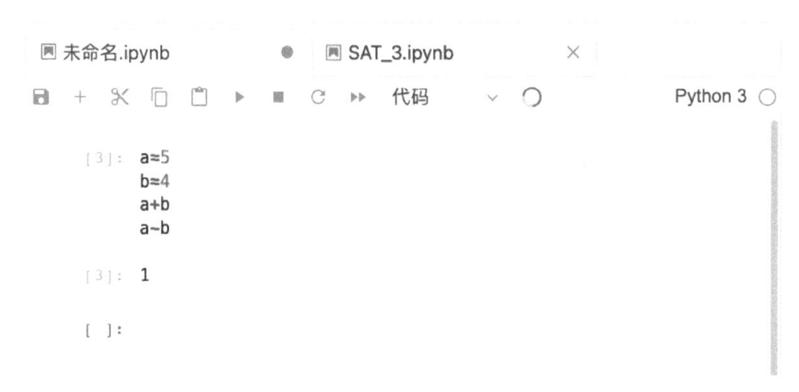

附图 17　单元格内两个表达式运行结果

想要添加新的单元格的话可以选中一行单元格之后，点击上面的“+”号功能键，这样就在这一行单元格下面添加了一行新的单元格。或者选中一行单元格之后直接使用快捷键“B 键”，会在这一行下方添加一行单元格。选中一行单元格之后使用快捷键：“A 键”，会在这一行单元格上方添加一行单元格。注意，想要选中单元格的话，需要点击单元格左侧空白区域，选中状态下单元格内是不存在鼠标光标的。单元格显示白色处于编辑模式，单元格显示灰色处于选中模式。

想要移动单元格或删除单元格的话，可以在选中单元格之后，点击上方的“编辑”按钮，会出现如附图 18 所示的指令界面，可以选择对应指令，上下移动或者删除单元格，删除单元格的话，选中单元格，按两下快捷键“D 键”或者右键点击单元格，选择删除单元格也可以。其他功能读者可以自行探索。

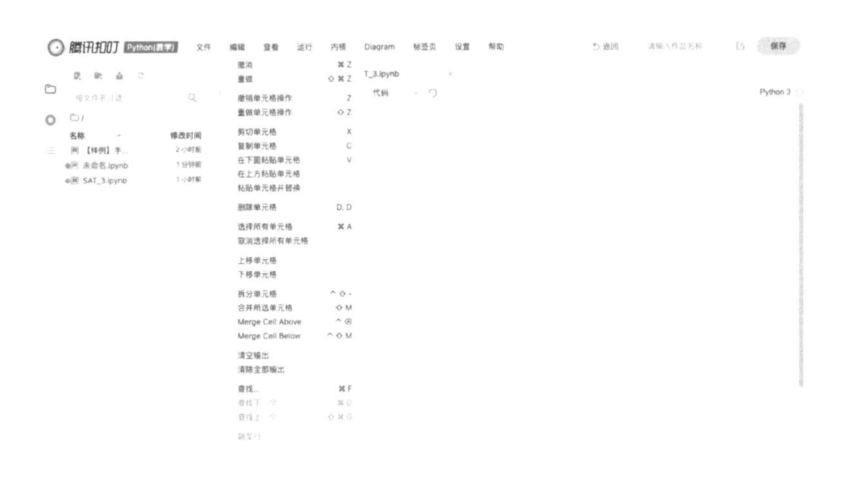

附图 18　编辑按钮对应指令界面

最后介绍如何做笔记和安装 Python 的第三方库，刚才介绍了单元格的两种模式。代码模式与 Markdown 模式。把单元格的代码模式改为 Markdown 模式，程序执行时就会把这个单元格当成是文本格式。可以输入笔记的文字，还可以通过“# 号”加空格控制文字的字号，如附图 19 与附图 20 所示。可以看到的是，在 Markdown 模式下，单元格会转化为文本形式，并根据输入的“# 号”数量进行字号的调整。

想要在 jupyter 里安装 Python 第三方库的话，可以在单元格里输入：! pip install 库名，然后运行这一行单元格的代码，等待即

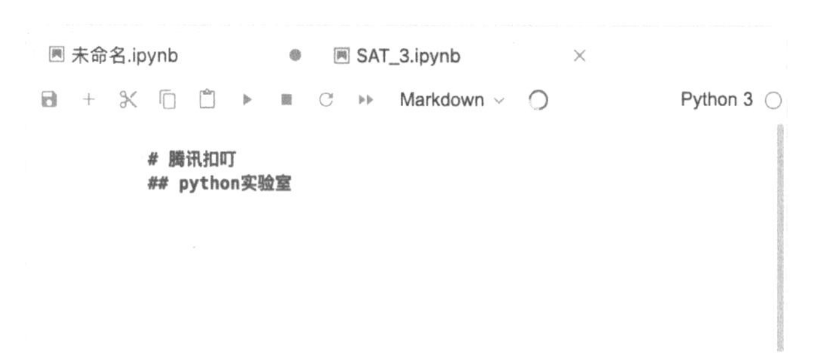

附图 19　Markdown 模式单元格编辑界面

附图 20　Markdown 模式单元格运行界面

可。如附图 21 所示。不过腾讯扣叮 Python 实验室的 Jupyter Lab 已经内置了很多常用的库，读者如果在编写程序中，发现自己想要调用的库没有安装，可以输入并运行对应代码进行 Python 第三方库的安装。

附图 21　Python 第三方库的安装